U0283013

给忙碌青少年讲地球科学

重新认识生命家园

[英]《新科学家》杂志 编著

马志飞 译

天津出版传媒集团

天津科学技术出版社

著作权合同登记号：图字 02-2020-391

图书在版编目（CIP）数据

给忙碌青少年讲地球科学：重新认识生命家园 / 英国《新科学家》杂志编著；马志飞译. -- 天津：天津科学技术出版社，2021.5（2024.6重印）
书名原文：This is planet earth
ISBN 978-7-5576-8977-3

Ⅰ. ①给… Ⅱ. ①英… ②马… Ⅲ. ①地球科学－青少年读物 Ⅳ. ①P-49

中国版本图书馆CIP数据核字(2021)第062782号

给忙碌青少年讲地球科学：重新认识生命家园
GEI MANGLU QINGSHAONIAN JIANG DIQIU KEXUE:
CHONGXIN RENSHI SHENGMING JIAYUAN
选题策划：联合天际
责任编辑：布亚楠
出　　版：天津出版传媒集团
　　　　　天津科学技术出版社
地　　址：天津市西康路35号
邮　　编：300051
电　　话：（022）23332695
网　　址：www.tjkjcbs.com.cn
发　　行：未读（天津）文化传媒有限公司
印　　刷：天津联城印刷有限公司

关注未读好书

客服咨询

开本 710 × 1000　1/16　印张14　字数170 000
2024年6月第1版第3次印刷
定价：58.00元

系列介绍

关于有些主题，我们每个人都希望了解更多，对此，《新科学家》（*New Scientist*）的这一系列书籍能给我们以启发和引导，这些主题具有挑战性，涉及探究性思维，为我们打开深入理解周围世界的大门。好奇的读者想知道事物的运作方式和原因，毫无疑问，这系列书籍将是很好的切入点，既有权威性，又浅显易懂。请大家关注本系列中的其他书籍：

《给忙碌青少年讲太空漫游：从太阳中心到未知边缘》

《给忙碌青少年讲人工智能：会思考的机器和 AI 时代》

《给忙碌青少年讲生命进化：从达尔文进化论到当代基因科学》

《给忙碌青少年讲脑科学：破解人类意识之谜》

《给忙碌青少年讲粒子物理：揭开万物存在的奥秘》

《给忙碌青少年讲数学之美：发现数字与生活的神奇关联》

《给忙碌青少年讲人类起源：700 万年人类进化简史》

撰稿人

编辑：杰里米·韦伯，《新科学家》杂志专栏编辑

“即时专家”系列编辑：《新科学家》图书编辑艾利森·乔治

特约撰稿人

戴维·克伦威尔在第 7 章中写了关于海洋环流的内容。他曾是英国南安普敦国家海洋学中心的研究员，现在是媒体分析网站 medialens.org 的联合编辑。

约翰·格里宾在第 6 章介绍了大气层的结构。他是英国萨塞克斯大学的天文学访问学者，著作颇丰，其中包括《人人都该懂的地球科学》(2012)。

苏珊·霍夫是南加州地震中心的高级地震学家，也是美国地球物理联合会成员。在本书第 4 章中，苏珊介绍了地震及其预测。

杰夫·马斯特斯在第 6 章集中讨论了极端天气。他是在线天气信息服务网站 Weather Underground 的联合创始人，在那里，他是气象学的主任。

大卫·里默是英国纽卡斯尔大学土壤科学的退休高级讲师，他在第 3 章中介绍了土壤。

托比·蒂勒尔在第 8 章介绍了盖亚假说的失败。他是英国南安普敦大学地球系统科学教授，著有《论盖亚：对生命与地球的批判调查》(2013)。

彼得·沃德是西雅图华盛顿大学的生物学教授，著有《美狄亚假说：地球上的生命最终会自我毁灭吗？》(2015)。在本书第 8 章中，他探讨了盖亚假说。

同时感谢以下作者：

阿尼尔·阿南塔斯瓦米、科林·巴拉斯、斯蒂芬·巴特斯比、凯瑟琳·布拉希奇、苏·鲍勒、斯图尔特·克拉克、安迪·科格伦、菲利普·科恩、丹尼尔·科辛斯、理查德·法菲尔德、琳达·格迪斯、香农·霍尔、杰夫·赫克特、鲍勃·霍姆斯、约书亚·豪格戈、费里斯·贾布尔、维多利亚·贾加德、格雷厄姆·劳顿、迈克尔·勒佩奇、里克·洛维特、迈尔斯·麦克劳德、迈克尔·马歇尔、凯蒂娅·莫斯科维奇、雷切尔·诺瓦克、肖恩·奥尼尔、斯蒂芬·奥尔内斯、杰尼·奥斯曼、弗雷德·皮尔斯、凯特·勒维利厄斯、克里斯蒂娜·里德、尤金妮亚·塞缪尔·赖克、戴维·志贺、科林·斯图尔特、理查德·韦布、萨姆·翁、马库斯·吴。

前言

地球是一个令人惊讶的地方。或许你并不这么认为，特别是当你眺望窗外时，看到眼前的一切都觉得十分平凡。但是，如果你能像科学家一样仔细研究它，就会发现一些更有趣的东西，甚至包括一些令人难以置信的事情。这颗行星曾经是一团炽热的熔岩，也曾经是一个巨大的雪球。北极的温度曾一度炎热如同热带，整个地中海也曾是一片干涸，直到大洪水将其重新填满。

即使在今天，我们的生存依然要依赖于那些看不见的奇迹。这颗行星得益于一层看不见的防护罩的庇护才免受紫外线的伤害，而另一层防护罩则使它免受来自太阳高能带电粒子流的侵袭。我们适宜的气候本身就是一个奇迹，它受到土壤、海风、云层反射、岩石锻造的侵蚀以及火山喷发的制约（火山喷出的气体使地球变得既凉爽又温暖）。

还有地球的奇迹：生命。你或许认为，你——作为生物的代表——显得没什么特别。但从整个宇宙的尺度来看，情况并非如此。你出生在目前所知宇宙中唯一一个存在生命的星球上，当然这也是生物汲取营养的唯一之地。

还有一点需要特别强调的，生物不是生活在地球上，它是地球不可分割的一部分。土壤调节气候的作用是由微生物主导的，当大气中的微生物数量增多使云层变得更白时，云层把阳光反射回太空的能力就会增强，甚至地球浅表的一些岩石也是由死去很久的生物组成的。

地球可不仅仅是一个在太空遨游的巨大飞行物，而是一台由生物与地质、水、冰和大气相互作用的机器。一切都是相互联系的。这本书将会帮助读者更好地认识这些事物，理解它们是如何相互作用的。

前两章讨论地球的诞生和历史，从它第一次出现围绕早期太阳旋转的气体云，一直讲到海啸将英国与欧洲其他地区隔绝。第 3 章研究地球的结构，我们从地表开始，由哺育生命的土壤讲到坚硬的铁质地核。第 4 章和第 5 章引出板块构造的概念，这将使我们能够更多地了解地震、地球温度的调节机制以及我们大陆未来的漂移。

第 6、第 7、第 8 章从大气层开始探索地球不同的“圈层”。我们用大部分篇幅探讨生命繁衍和天气变化的大气底层,但也会有一部分内容涉及太空边缘。对于水系，我们将潜入海洋，研究驱动全球水流的力量。对于生物圈，我们将探索生命是如何出现的，以及它们是如何影响地球演化的。

最后，我们关注的是人类对地球系统的影响。第 9 章介绍了人类世，这是一个新提出的地质时代，旨在认识我们对地球的深刻影响。第 10 章介绍了当今气候变化对生命的最大威胁。我们审视人类已有的知识与未知的学问，并思考我们是否能够解决这些问题。

衷心地希望这本书能改变你对地球的看法，让你不再认为它很平凡。或许你会深深入迷的。

编辑　杰里米·韦布

目录

1

诞生之初

地球和月球是在混乱中诞生的。早期太阳系的高温和暴力掩盖了地球最初的大部分印记。关于它是如何演化成今天这样一颗充满活力的行星、一个适合生命生存的地方，我们知道些什么，还有哪些未知呢？

宇宙中唯一的家

有时候，常规事件会产生异常结果。这是46亿年前在一个不起眼的旋涡星系中发生的事情。

体积庞大的一团气体和尘埃开始坍缩成一团稠密的物质。随着重力吸引了越来越多的物质，它核心的温度和压力增加，直到引发核聚变。它释放了大量的能量，这标志着一颗恒星的诞生。

究竟是什么力量开启了这一过程，我们并不清楚，但它之前已经出现过无数次了，而这颗恒星本身也没什么特别的。

当这颗新生恒星开始自转时，较小的天体在围绕它的轨道上逐渐合并。气体分子和尘埃粒子融合形成岩石大小的物体，碰撞形成巨石，然后形成“星子”。它们不断增加的引力吸引了更多的物质，于是就形成了一系列炽热、熔融的行星。

八颗行星形成了，在第三颗行星上发生了一件非常了不起的事情，适当的条件使生命得以出现并繁荣，最终，进化出了智慧生命。作为智慧生命，我们人类会思考这颗星球是如何形成的，以及它是如何孕育生命的。我们把这里的星系称为太阳系，称呼那颗恒星为“太阳”，称呼我们的行星为“地球”。

神秘的开始

至少大概的过程是这样的。人们一般认为太阳系诞生的时间零点是45.67亿年前，而到了45.5亿年前，地球约65%的部分已经组装完毕。

早期的太阳系是一个充满活力的地方。在最初的几亿年里，碰撞很常见，地球很受伤。大约 45.3 亿年前，就在幼年的地球乳臭未干时，灾难降临了。它被一个火星大小的物体扫了一脚。撞击将碎片抛入轨道形成了月球，碰撞产生的能量熔融了地球的表层，抹去了以前所有的地质记录。那些没有到达月球的汽化硅凝结为熔岩雨，沉积形成熔岩海。地球最终熔融到地核，形成固体表面的过程再次开始。

正如你稍后将看到的那样，这并不是月球诞生过程的唯一版本。然而，似乎可以肯定的是，暴力事件仍在继续，直到 41 亿至 38 亿年前的一次持续猛击才结束，也就是今天所说的“晚期重轰炸”。至于这一阶段究竟有多么激烈，持续了多长时间，目前仍在争论之中。

这些绝对暴力的事件是我们对地球最初 5 亿年的认识存在偏差的原因之一，这是一个被称为冥古宙（Hadean）的地质时代，该名称源自古希腊神话中的冥王哈得斯（Hades）。科学家编造的故事最符合他们所掌握的证据，证据来自我们的物理和化学知识、动手实验的结果、对其他天体的观测以及计算机模拟。

目前科学家正在进行研究，并不断获得新的发现，建立新的模型，以回答我们的许多问题。那些被我们自以为已经掌握的理论在不断受到新证据的挑战，所以科学家的故事也在变化。

在我们尚未回答的问题中，有一个是关于地球上的水来自哪里。地球离太阳很近，在形成之初，它可能太热了，使得水很难从气云中简单地凝结出来。无论如何，在形成月球的大碰撞过程中，地球收集到的水很可能会蒸发掉。一种可能的解释是，水是后来才获得的，在后期重轰炸期，来自太阳系外的冰冷彗星和小行星将水送到了地球上。

还有一个问题是地壳是什么时候形成的。今天的地壳几乎全部由不超过

38 亿年的岩石组成，所以在地面上，冥古宙遗留下的痕迹很少。现存的古老岩石，绝大部分都被热和压力改变了。值得庆幸的是，有一种可能已经非常古老，被称为锆石的微小晶体，正在向我们传递重要信息。再加上不断改进的微量分析方法，这些发现可能会改写早期地球的故事。

还有一种方法可以让我们更多地了解冥古宙，在月球和火星上进行矿产勘探也可以揭示地球在大碰撞之前的样子。与地球不同的是，这些星球没有经历重新熔融，因此在它们的表面上找到真正古老岩石的机会要大得多。我们甚至会有如同中大奖一样的幸运,找到一块冥古宙时期被小行星撞击而进入太空，随后又降落在月球或火星上的碎片。

有了这些关于对地球诞生之初的知识基础，接下来让我们深入探讨那些让地球科学家、天体物理学家和古生物学家夜不能寐的问题。

我们神秘的月亮

对月球起源的解释一直是个问题。它太大了。我们太阳系中其他行星的卫星都没有这么大：它超过了地球直径的 1/4。人们通常认为，其他行星已经俘获了它们较小的卫星，而月球这样的天体是不可能在运行过程中被捕获的。1879 年，查尔斯·达尔文之子、天文学家乔治·达尔文提出了一个不同的想法。他认为早期的地球旋转得太快了，以至于土崩瓦解，把自己的一块碎片溅射入太空。

这个想法一度很流行，但在 20 世纪初却与行星动力学家的理论相悖，行星动力学家认为并不存在简单的加和关系。要使地球向外的离心力超过朝内的向心力，并使之分裂，地球必须以一种令人难以置信的速度旋转，大约每两小时旋转一次。

达尔文的想法已经被大碰撞假说或“大冲撞”所取代——一颗如同火星大小的物体以一定的倾斜角度撞击地球（见图 1.1）。在早期太阳系混乱的碰撞物体中，人们完全有理由相信这期间可能产生巨大撞击。

然而，我们通过对阿波罗宇航员带回的月球岩石的分析，可能对大碰撞的观点产生怀疑。根据大碰撞假说，阿波罗号采集的月岩本应来自撞击地球的物体，但分析表明，它们的氧、铬、钾和硅同位素与地球的没有区别。此外，还有些被认为来自月球地壳的样品中含有水。但根据大碰撞理论，碰撞之后产生的热量熔融了岩石，把水蒸发掉了。

不过，对这个问题我们并非已经无能为力了。我们先不去管地球内部的

图 1.1　大碰撞创造了月球吗？

一个天然核反应堆爆炸并将地球的一部分射向太空这种推测性的想法，进一步的模型显示，又有一些碰撞假说对此提出了质疑。

加利福尼亚州芒廷维尤市地外文明搜索研究所的马蒂亚·库克和加利福尼亚大学戴维斯分校的萨拉·斯图尔特研究发现，如果地球旋转的速度比过去想象的更快，那么它喷射出月球所需的撞击力就会减少。不需要像火星那么大的撞击物，一个只有火星一半质量的撞击物以更陡的角度撞击地球就足矣，然后把自己埋在我们的地下深处。库克和斯图尔特的计算机模拟结果显示，这样的事件能够提供足够的能量，将一大块地球岩石溅射到旋转轨道上，从而使月球上的化学元素与地球的没有区别。

科罗拉多州博尔德市西南研究院的行星科学家罗宾·肯纳普提出了另一种“大碰撞假说”。她设想有两颗行星，每颗的质量大约为地球的一半，缓慢相撞。在接下来融合的过程中孕育了我们的地球，而月球只不过由剩下的残余物形成，从而确保月球和地球是用相同的原料造出来的。

真的是地狱吗？

早期太阳系的混乱无疑会使天体四处奔袭。我们通过观察月球表面的陨石坑就能想象到一些撞击的规模。我们在地球上几乎看不到这种破坏，因为它已经被风、雨和植被所侵蚀。

阿波罗号宇航员带回地球的月岩表明，最猛烈的撞击发生在后期重轰炸期。在这次撞击之前和期间，人们普遍认为我们的星球是一个熔岩地狱，极热、极干燥，对生命充满敌意。直到在太古宙时期（见第 2 章）结束了轰击，条件才有了大幅改善，生命才有了立足之地。

然而，近年来，后期重轰炸期开始在几个方面受到质疑。最激进的是，一些科学家认为，关于月球撞击可能只是阿波罗在证据收集过程中的人为想象而已。

阿波罗号采集的样本来自月球上不同的地点。即便如此，研究人员指出，它们可能都来自单一事件的影响——一次或者多次撞击形成了雨海盆地，这是月球上的一个大而暗的斑块。这次事件中的岩石碎片可能污染了月球表面不同的部分，这意味着最初看起来像是一系列同时发生的撞击可能只是少数。如果撞击的痕迹被抹得更匀，早期地球就不会像最初想象的那么可怕。

还有一些其他关于冥古宙的证据，包括最微小的“证人”。锆石是硅酸锆的坚硬晶体，通常长约 1 毫米或更短，是地球上最古老的矿物之一。它们能在 1600 ℃的高温烘烤下幸存下来，而且在河里被冲刷也能保持不碎。对地质学家而言，最重要的是，它们可以在数吨沉积物下幸存，而不像其他物质那样经历变形或熔融。

锆石在地球上随处可见，在几乎所有的花岗岩中都能被发现，它们形成于花岗岩上升和冷却之前在地球内部重新熔融之时。当花岗岩凝固时，岩浆中的锆会吸收硅酸盐并结晶成锆石。一旦侵蚀作用把它们从原始花岗岩中释放出来，它们在沉积岩中也就会变得很常见。

这些质疑冥古宙的锆石来自澳大利亚西部杰克山的岩石，这些岩石本身可以追溯到 37 亿年前。通过比较铀和它的放射性衰变产物的比例（见第 2 章）来确定年代之后，研究人员发现这里的锆石更加古老。其中有一块锆石形成于 44 亿年前，也就是说，仅仅在地球诞生 2 亿年之后，这种固体物质就已经存在于地球表面了。

此外，研究人员还发现了“包裹体”——锆石中夹有石英、云母和长石的痕迹。这表明锆石是由熔融、发生了变质作用的沉积物形成的，这些沉积物最初可能与泥巴或黏土相似。分析还发现，古锆石的同位素氧 -18 的含量很高。在潮湿、低温条件下形成的岩石往往会比其他岩石吸收更多的氧 -18。

对锆石中其他元素的检测支持了这一发现。现在看来，44 亿年前的地球是固态、凉爽且潮湿的，根本就不是没有大气层的“岩浆海”。水坑和海洋需要一个坚实的表面来支撑，这意味着早期地壳就已经就位。如果有液态水，那么就必须有厚厚的大气层；否则水就会蒸发掉。如此说来，44 亿年前的地狱好像突然变得相当舒适宜人了。

生命出现于何时?

冥古宙时期的地球比以前认为的更冷、更湿，尽管仍有争议，但关于早期生命的最新证据支持这一观点。

最早可靠的生命证据来自澳大利亚西部杰克山以北的皮尔巴拉地区的一处海滩化石。它的历史可以追溯到 34.3 亿年前。格陵兰西南部更古老岩石中的化学特征表明，早在 38 亿年前可能就已经存在生命，但是这一证据存在争议。

2015 年，来自加州大学洛杉矶分校的伊丽莎白 · 贝尔和马克 · 哈里森及其同事宣布，他们在锆石晶体中发现了具有有机特征的碳。研究小组分析了来自冥古宙和太古宙的 10 000 多颗锆石。在杰克山的一颗冥古宙锆石中，他们发现了石墨的微小斑点或包裹体，这一定是在约 41 亿年前形成锆石时被包在其中的。

研究人员分析了两种石墨包裹体中的碳同位素，发现它们的碳 -12 与碳 -13 同位素的比率很高。这是生物起源的一个特征，因为生物体优先吸收

碳 -12。

锆石晶体的一般化学组成表明，那些冷却而结晶出锆石的岩浆是由富含泥质的沉积物熔融而产生的，这是一种有机残留物可能积聚的环境。

在 2017 年，伦敦大学学院的马修·多德和他的同事在一份报告中提到，有证据表明，岩石中的生命甚至更早，可以追溯到冥古宙时期，或者说至少接近冥古宙时期。这些岩石是从加拿大魁北克省北部哈得孙湾东岸的努瓦吉图克绿岩带采集的，它们至少有 37.5 亿年的历史，而有些地质学家则认为它们的历史为 42.8 亿年，只比地球本身稍微年轻一点。

和所有的这类岩石一样，它们都经历了严重的蚀变。在某个时刻，它们在地球深处待了一段时间，那里超过 50 ℃的温度和极端压力使它们发生形变。但是地质学家们仍然可以找到暗示它们形成于地球早期海洋底部的线索：它们似乎保存了远古深海热液喷口的证据。

多德的证据来源于最初形成于温度相对较低（低于 160 ℃）的海底喷口周围的富铁岩石。这些岩石含有氧化铁组成的管状和细丝状结构，与现今生活在深海热液喷口周围微生物种群中的细菌形成的结构非常相似。

而且，靠近细丝的物质所含碳 -12 与碳 -13 的比率很高，这表明了有机物质的来源。其中一些碳在富含磷的矿物中结晶，这也暗示了早期的生物学特征，因为随着生物体腐烂而释放的磷可以被融入矿物中。

如果得到证实，这一发现将有可能把生命起源向前推进到 42.9 亿年前，这意味着地球在很早以前就有生命存在，甚至在后期重轰炸期之前。更重要的是，这表明生命在几乎没有阳光的深海喷口周围活动，因此生物必须从地热过程中获取能量。这将有助于使地质证据与遗传和生物化学研究结果趋于一致，遗传和生物化学研究表明生命起源于深部热液区——而不是起源于已发现的大多数早期化石所在的浅层、阳光充足的环境中（见第 8 章）。

这些研究都没能给出决定性的结论，生命究竟出现于何时，至今仍无定论。哈里森的研究小组承认，在冥古宙环境中，同位素碳 -12 也可能以无机途径进行积聚。如果多德发现的脆弱的微观结构能在地下深处经受高温和高压的岩石中保存下来，那实在是太不寻常了。

问题变得更复杂了

正当你以为早期地球的故事正从迷雾中浮现时，接下来的事情将让你重新思考。

加利福尼亚州斯坦福大学的唐纳德·洛和他的同事花了 40 年时间研究南非东部一块叫作巴伯顿绿岩带的古老岩石。20 多年前，他们发现了 4 层球状颗粒，这些颗粒似乎是从汽化的岩石云中凝结而成的。洛说，它们是 4 次主要陨石撞击的痕迹，可追溯到 3.5 亿至 3.2 亿年前。2014 年，他的团队描述了同一时期的另外 4 层。他认为，在长达 2.5 亿年的时间里发生的 8 次重大撞击，证实了后期重轰炸期比大多数研究人员想象的要长，而在大约 30 亿年前才逐渐减弱。

这些撞击的规模超出了自高等动物诞生以来地球所经历的任何一次。这颗小行星造成恐龙灭绝后，留下了几十毫米厚的一层球状颗粒物。洛研究的那些球状颗粒，层厚为 30~40 厘米，这表明小行星直径至少 20 千米，甚至可能超过 70 千米。如果发生在今天，这些物体的撞击会摧毁大多数动植物，但那时所有的生命都是水生单细胞生物。

洛估计，一次非常大的撞击可能将大气加热到数百摄氏度，并将海洋表面 100 米深的水蒸发掉。地球另一边的微生物或许能够抵御大浪和炽热的岩石雨。但是有些微生物的遭遇可能特别悲惨，例如光合细菌，因为它们必须生活在有充足光线的海面附近。

水，到处都是水

如果地球在冥古宙时期就已经有水，那就引出了另外一个问题：水来自哪里？的确，早期的太阳会比今天弱，但即便如此，它也肯定会蒸发掉孕育地球原始云中产生的所有的冰。这就是为什么行星科学家认为水是后来由太空信使——彗星或陨石送来的。然而，最近的证据表明情况并非如此。

要弄清地球上的水是从哪里来的，关键在于两种氢同位素的浓度比：氘（也叫重氢）和普通氢。这个比例取决于水的来源。因此，把陨石和地球上最古老的水进行对比，就可以发现它们的水分子 H_2O 是否有共同的起源。

久而久之，海洋几乎肯定会失去一些较轻的氢同位素，因此研究人员转而在加拿大北极地区巴芬岛古老的火山玄武岩中寻找水。这些岩石含有微小的玻璃状包裹体，它们似乎是在 45 亿年前形成于地壳下面的地幔层中。这将使它们几乎和地球本身一样古老，而锁在其中的是同一年龄段的水的氢原子。

这些包裹体中的氘含量少得惊人：氘和氢的比率比现在海水中的比率低了近 22%。结果表明，它的来源缺少氘，这就可能排除了陨石，因为陨石中氢的同位素比例通常较高。相反，这个比率表明，水一定起源于太阳和行星凝结的云层。

这一结论支持了理论研究，即使在地球形成的高温条件下，水分子也会紧紧地附着在凝聚的尘埃颗粒上。

近年来，科学家们还发现，地球地下深处的水比预期的要多得多。有些可能已经向上运移到了地表。据估计，内部水库的容量是所有海洋的3倍。它存在于一种蓝色的尖晶橄榄石中，这种镁硅酸盐矿物是在600千米深的地幔温度和压力下形成的。

其他研究表明，这个水库甚至可能还不是最深的。羟基负离子，通常是水的一个确定标志，在熔岩喷出的钻石包裹体中被发现。它们形成于大约1000千米深处，这表明水可能正在向下循环进入地幔深处。

我们现在知道地球被几个巨大的、坚硬的板块所覆盖，它们不断地相互移动和摩擦，这一过程被称为板块构造运动（见第4章）。板块构造运动不断地循环利用地球上的岩石，如果没有它，地球就不会有稳定的气候，也不会有我们赖以生存的石油和矿藏。

地球是我们所知的唯一具有板块构造的行星。为什么会这样？研究模型表明，要使构造运动顺利进行，行星的大小必须恰到好处：如果太小，其岩石圈（地壳和上地幔的固体部分）就会太厚。如果太大，引力场就会将所有的板块挤压在一起，将它们紧紧地固定住。其他条件也必须恰到好处：构成地球的岩石不能太热，不能太冷，不能太湿，也不能太干。

我们对地球原始地壳的思考是基于我们今天所看到的过程。此时此刻，大洋地壳正在从大洋中脊不断形成，地幔熔岩向上流动并向外伸展，由此产生的岩石富含坚硬的黑色玄武岩，这种岩石形成了夏威夷的火山岛。

大陆地壳与之不同。它往往由花岗岩等岩石构成，这些岩石在玄武岩下沉、熔融和再造时形成。在这个过程中，它富含二氧化硅、铝以及一些更轻的金属。花岗岩的密度小于玄武岩，所以它在地幔上的漂浮高度高于大洋地壳。

在这两种类型地壳相遇的地方，例如在许多海洋盆地的边缘，寒冷、致密的洋底，连同大量的水、软泥等泥质沉积物，潜入较轻的大陆地壳之下，并进入地幔中，这一过程称为俯冲。

现在我们就了解这么多。关于过去的一个疑难问题是，岩石圈何时以及如何以这样的方式破裂，以至于其中一块地壳下沉到另一块之下？

由于冥古宙变化剧烈，地球上现存的证据很薄弱。但2016年对加拿大西北部40亿年前的锆石及其他岩石所做的地球化学研究报告表明，当时的地球表层不含大陆地壳，而更像玄武岩地壳。如果这一点得到证实，那么我们所知道的板块构造并不是在冥古宙时期发生的。

一段经常被引用的描述是这么写的：地球在其最初的20亿年里，有一层薄薄的玄武岩地壳，上面覆盖着水，并时不时地点缀着火山链作为唯一的陆地。火山喷出水蒸气和二氧化碳、二氧化硫和氯化氢等气体，形成浓厚的大气。

在这个地壳中，第一道裂缝是如何出现的还没有定论，地幔中一股炽热的物质可能刺穿了地壳，形成了第一个洞，或者小行星或彗星的撞击穿透了地表，成为导火索，引发了一系列事件，从而形成了第一个移动的构造板块。

那它是什么时候发生的？一种预测来自对蛇绿岩的研究，蛇绿岩是古代大洋地壳中不太常见的碎片，它没有被推入地幔之下，而是在俯冲带的大陆地壳顶部抬升。2007年的一项研究将格陵兰的蛇绿岩样本年代定为38亿年前——这是板块构造最古老的线索。

看看别的星球

对地球如何形成地壳的新认识来自对木星的小卫星伊娥（Io）的观测。一些科学家认为早期的地球是某种岩浆海洋——所有的行星似乎都经历过这种阶段。但是地球是如何演化出板块构造运动的呢？

伊娥没有板块构造，它被活火山所覆盖，这些火山将热量从其内部输送到其表面。它通过热管（一种通过相对狭窄的通道，将炽热的熔岩或岩浆输送到地表的火山垂直系统）来散失热量，熔岩在其扩散过程中冷却，形成一层新的地壳，随后被新的喷发所覆盖。随着时间的推移，热管就会在伊娥上面形成一层厚厚的地壳，它的强度很大，足以支撑20多千米高的山脉。

弗吉尼亚州汉普顿大学的威廉·穆尔和路易斯安那州立大学的亚历山大·韦布对早期地球上类似伊娥的热管进行了模拟，以观察产生了什么样的岩石，以及地壳会有什么样的活动。他们将研究结果与地球上最古老的已知岩石进行了对比，其中包括30亿年前的钻石和43亿年前的锆石。

这两位科学家发现了足够的相关性，结果表明，大约32亿年前，地球通过散布在原本贫瘠地表几个区域上类似于伊娥的热管释放出多余的热量。他们指出，地球最终冷却以至于关闭了热管，这使得被困在地壳层下的热地幔产生了压力。根据这些事件的变化，对流地幔中不断增加的压力打破了外皮，开始了板块构造。

我们不断变化的星球

在过去的 45 亿年里，我们星球上的一切——从大气层到地核——都经历了非凡的变化。这里标注的时间是不固定的，因为研究不断发现新的证据。

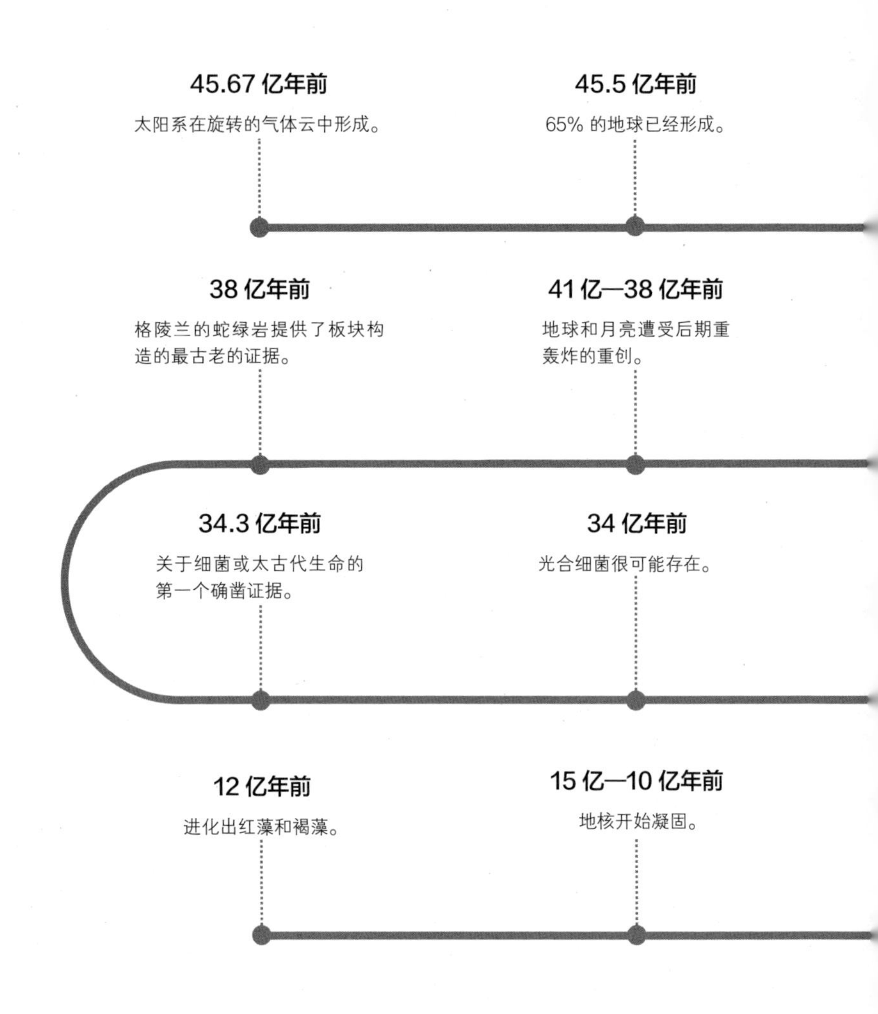

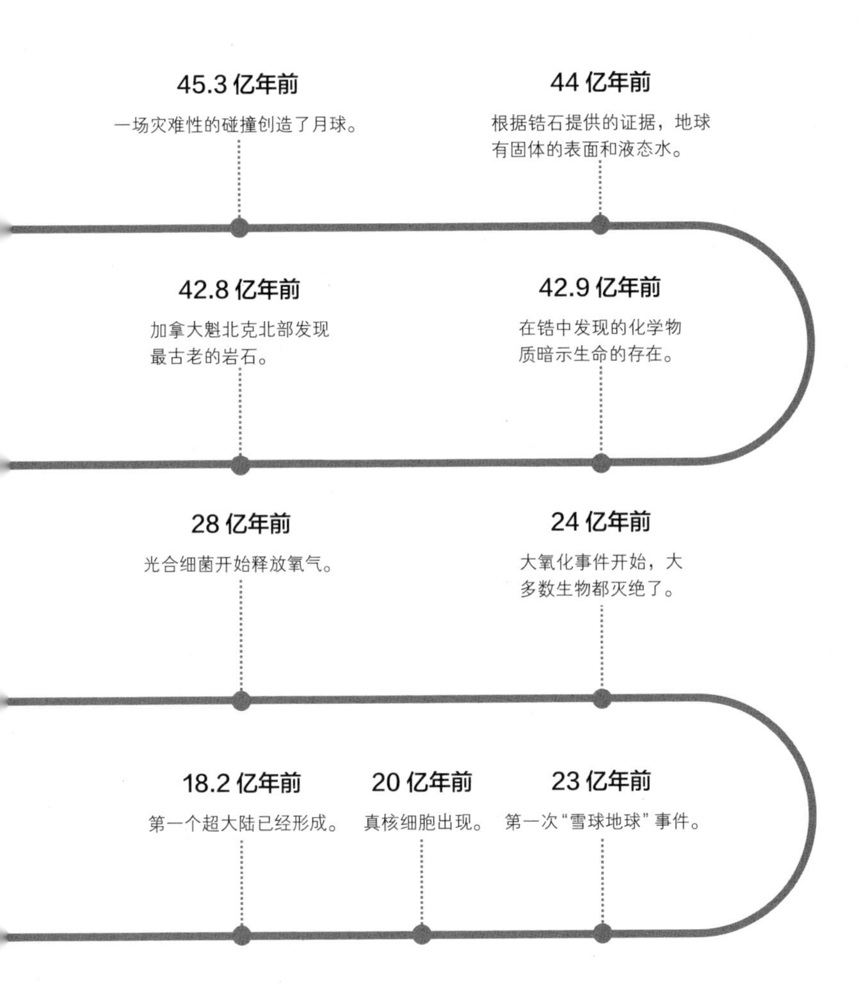
45.3 亿年前
一场灾难性的碰撞创造了月球。
44 亿年前
根据锆石提供的证据，地球有固体的表面和液态水。
42.9 亿年前
在锆中发现的化学物质暗示生命的存在。
42.8 亿年前
加拿大魁北克北部发现最古老的岩石。
28 亿年前
光合细菌开始释放氧气。
24 亿年前
大氧化事件开始，大多数生物都灭绝了。
23 亿年前
第一次“雪球地球”事件。
20 亿年前
真核细胞出现。
18.2 亿年前
第一个超大陆已经形成。

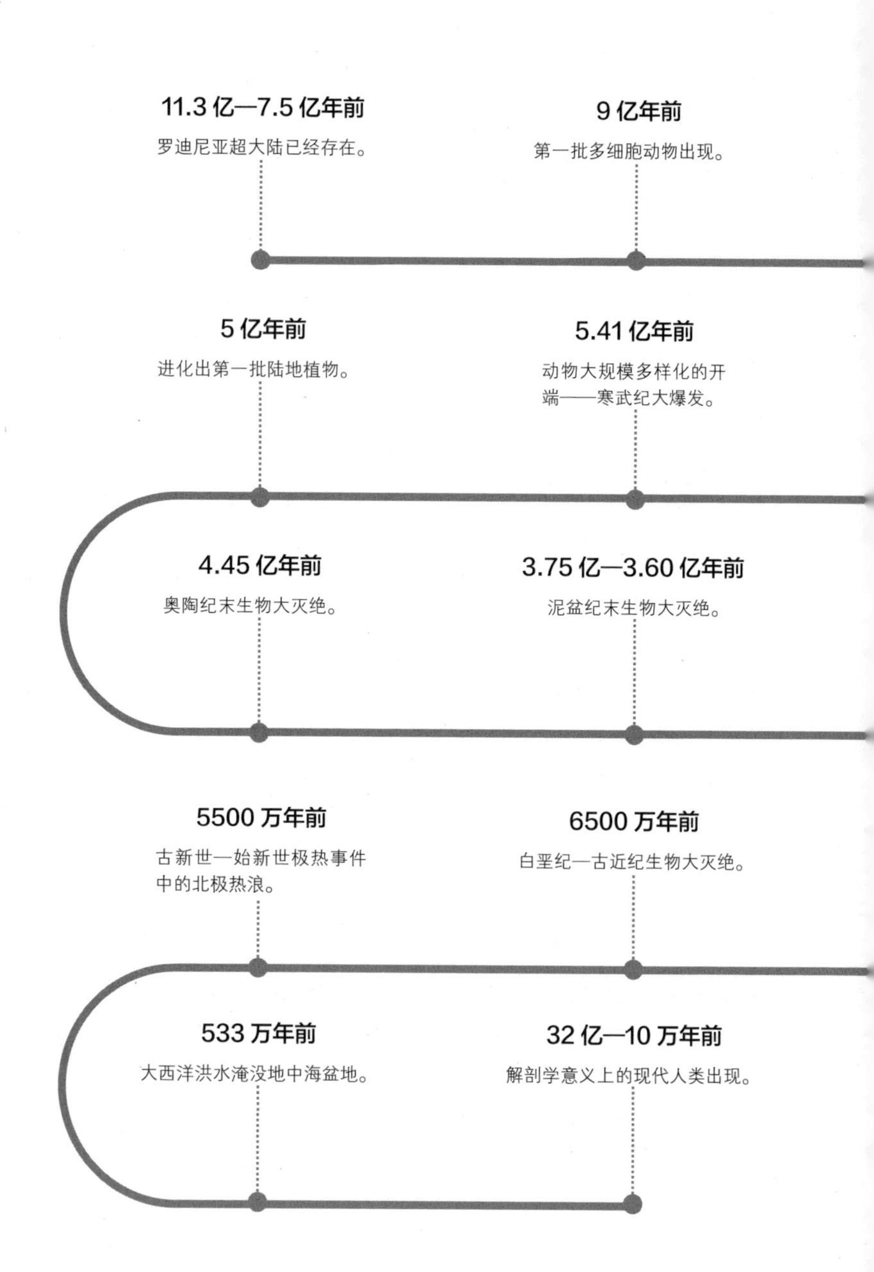

11.3 亿—7.5 亿年前
罗迪尼亚超大陆已经存在。
9 亿年前
第一批多细胞动物出现。
5.41 亿年前
动物大规模多样化的开端——寒武纪大爆发。
5 亿年前
进化出第一批陆地植物。
4.45 亿年前
奥陶纪末生物大灭绝。
3.75 亿—3.60 亿年前
泥盆纪末生物大灭绝。
6500 万年前
白垩纪—古近纪生物大灭绝。
5500 万年前
古新世—始新世极热事件中的北极热浪。
533 万年前
大西洋洪水淹没地中海盆地。
32 亿—10 万年前
解剖学意义上的现代人类出现。

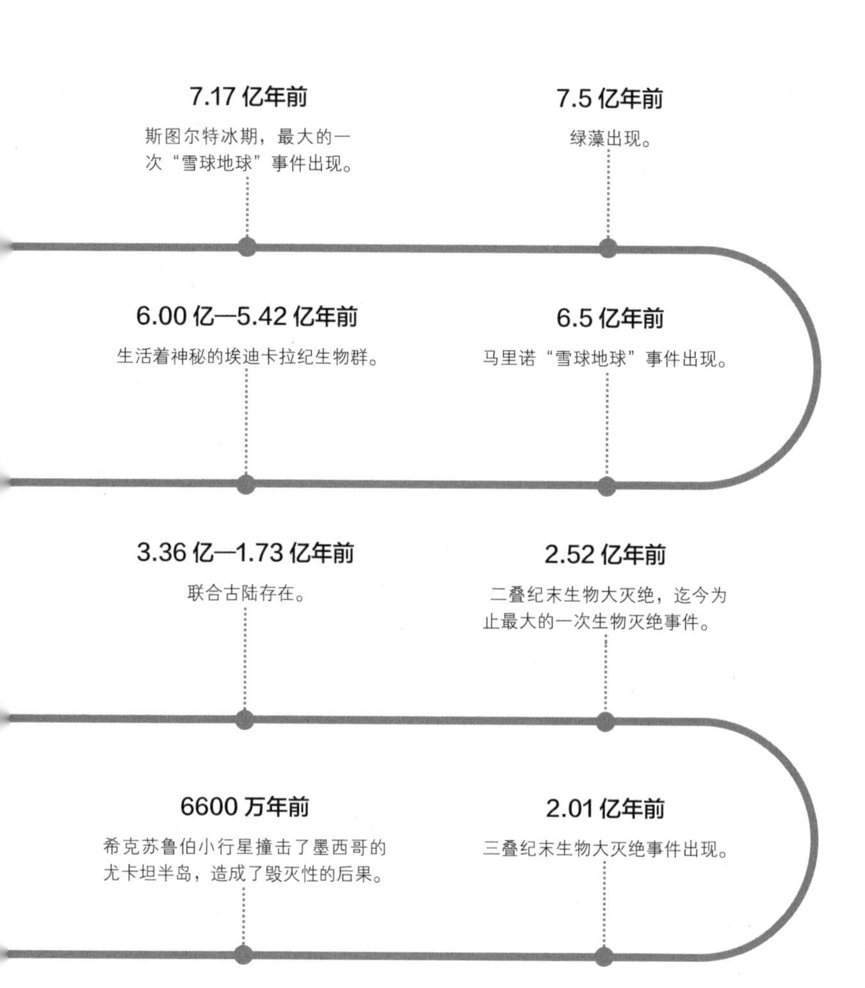

7.17 亿年前
斯图尔特冰期，最大的一次“雪球地球”事件出现。
7.5 亿年前
绿藻出现。
6.00 亿—5.42 亿年前
生活着神秘的埃迪卡拉纪生物群。
6.5 亿年前
马里诺“雪球地球”事件出现。
3.36 亿—1.73 亿年前
联合古陆存在。
2.52 亿年前
二叠纪末生物大灭绝，迄今为止最大的一次生物灭绝事件。
6600 万年前
希克苏鲁伯小行星撞击了墨西哥的尤卡坦半岛，造成了毁灭性的后果。
2.01 亿年前
三叠纪末生物大灭绝事件出现。

2

漫长的时间

虽然数亿年前地球上的变化难以引起人们的注意，但不可否认，早期的地球时常发生一些令人震惊的事件。事实上，大多数地质变化过程都十分缓慢，难以直观呈现。在本章节，我们探讨“深时”的概念，如何测定“深时”，并查看一些在地球漫长的时间旅程中起到重要作用的标志性事件。

“深时”概念

1788年6月，苏格兰地质学家詹姆斯·赫顿带着他的同事约翰·普莱费尔和詹姆斯·霍尔去了贝里克郡海岸的西卡角。对普通人来说，这里的岩石岬角似乎永恒不变。但赫顿清楚，岩石中可见的岩层是古老岩石在海底形成的残余物，并被抬升起来。

赫顿意识到，他能在岩石上看到的一系列事件，向我们讲述了漫长时间内发生的令人难以置信的缓慢变化。不同类型和方向的岩层“角度不整合”只可能在数千万年前形成。这些观测对他的地球均变论和革命性的“深时”概念至关重要。

时间可能以百万年为单位被重新计算，因为仅仅一个多世纪以前，爱尔兰的大主教詹姆斯·厄舍尔，就利用《圣经》和其他资料，精确地指出了创世日期是公元前4004年10月23日，星期日。艾萨克·牛顿不同意：他认为应该是公元前3988年。

从现在看，“深时”的概念似乎与常识相矛盾。位于华盛顿特区的乔治敦大学有一位名叫约翰·麦克尼尔的环境历史学家说，毕竟用人的寿命来衡量事物是一种正常而自然的思维方式。通过赫顿和他之后许多人的不懈努力，我们现在知道地球大约有45.6亿岁，这几乎是一个不可思议的年龄。

“深时”一直是历史科学（包括地质学、进化生物学和宇宙学等）发展的核心。没有它，我们就无法欣赏某些过程，无论是岩石风化、造山运动还是生物进化，这些都是缓慢变化的过程，在人的寿命期限内是无法欣赏到的。

历经西卡角的旅行，普莱费尔写道：“当我们远眺时间的深渊时，我们似乎晕头转向了。”即使很难处理深时的奇观——例如高出海平面的海洋化石——

它们也可以得到解释。正如麦克尼尔所说："对我来说，这意味着我们都是一个超乎想象的漫长生命链的一部分，无论是人类还是非人类，个体短暂的一生都无足轻重。"

破译岩石记录

地质学家可以追溯到地球45.6亿年的历史。他们把这一巨大的跨度划分为几个区间，这些区间构成了地质时代的基本尺度。早期的地质学家以岩石为研究基础来命名这些时间间隔，但不知道它们开始和结束的时间。创建时间刻度这项任务落在了后人身上。

在地球上，风和水将一些较老的岩石侵蚀成了碎屑，并将其压缩成为沉积岩，这是地球规模宏大的岩石循环的一部分。早期的地质学家发现，这些沉积岩是分层形成的，新物质形成于旧物质的基础之上。威廉·史密斯是19世纪初英国的一位煤矿和运河勘测员，他认识到这些岩层（地层）形成了有规律的模式，岩石埋得越深，就越古老。

当然，事情可没那么简单。沉积岩序列可包括地层间断或不连续性，并不是所有类型的岩石都能形成整齐的岩层。当熔融的岩石——熔岩或岩浆——凝固时形成火成岩，如果它们确实形成了岩层，通常也是不规则的。变质岩受到地球内部热和压力的作用，大大改变了现存的岩石，从而形成新的矿物。地壳的运动甚至可以让古老的沉积层形成褶皱，使它们出现在较年轻的沉积层之上。

地质学家总结了这些规律，然后通过研究和对比大面积的地层建立了地层年代表。为了把全世界范围内的地层关联起来，他们利用了在大范围内同时留下可识别标记的事件。其中一个例子是，白垩纪末与恐龙灭绝有关的小行星

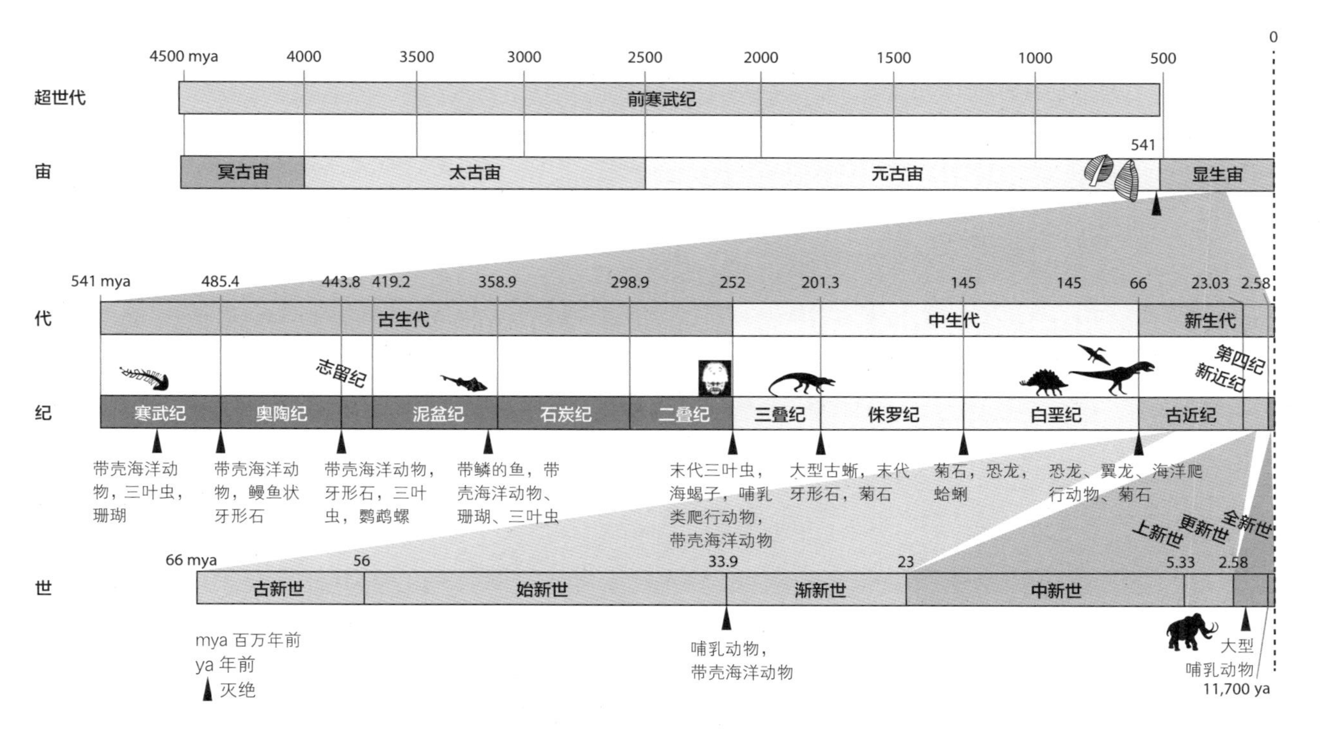

图 2.1 地质年代表分为不同阶段的层次结构。通过大量的标志（包括物种的灭绝）确定边界

撞击所产生的富含铱的尘埃（见图 2.1）。大面积火山喷发更为频繁，火山灰往往具有独特的化学特征。

化石也是有用的标记。最理想的标准化石是一种常见的、进化迅速的化石。例如，三叶虫被广泛用于确定寒武纪时代。三叶虫的种类很多，有些先于其他物种进化，有些早于其他物种灭绝。任何含有这些化石的特殊组合岩石，都必须在这些生物生存的特定时间间隔内形成。许多种类的化石在生物大灭绝后就消失了，这提供了其他明确的信号。

另一个现代标志是一些岩石所具有的弱磁场。火成岩的剩余磁化强度显示了它凝固时地球磁场的方向。对地质学家来说幸运的是，地球的南北两极在其历史上已经多次互换位置。正磁和反磁的周期长度不同，因此它们形成了一种独特的模式，可用于对比来自世界各地的岩石序列。

利用这些标志，地质学家可以把岩石序列放在地层尺度的正确位置。他们还比较了全世界同时代的岩石序列，然后选择最完整、层次分明、最有用的化石。地质时期之间的边界，将成为全球年代地层单位界线层型剖面和点位，或者称为“金钉子”（见第 9 章）。

放射性测年

在地层尺度上为一系列岩石找到一个位置是一回事，给它按确切时间顺序排列的日期则是另一回事。确定岩石年龄的最佳工具是基于放射性同位素衰变的放射性定年法。

地质学家使用的自然时钟是这些同位素的“半衰期”，即样品中的一半发生核衰变所需的时间。如果你从 100 万个半衰期为 100 年的同位素原子开始，那么 100 年后只剩下一半，再过 100 年后将变为 1/4。因此，随着时间的推移，岩石所含的原始放射性同位素将减少，而衰变形成的同位素将增加。

地质年代测定需要放射性同位素，这种同位素非常普遍，半衰期很长，与岩石本身的年龄相当。一种选择是铀、钍同位素家族，它们最终会衰变为铅。最常见的是铀-238，其半衰期为45亿年，衰变为铅-206。可靠的辐射测量数据显示年龄误差在0.25%以内，对于1亿年来说，误差为25万年。这些日期为地质学家校准地质年代表上的时间点提供了可靠的方法。

辐射定年法虽然功能强大，但有很大的局限性，特别是不能给出沉积岩沉积的具体日期。但并不是说完全没有用，因为熔岩流将比它下面的岩石要年轻，而比它上面的沉积岩要老。熔岩是一种火成岩，适合用放射性定年法，所以可以确定它形成的年代。

年代序列

早期地质学家选择第一个生命化石当证据作为寒武纪的开始。他们把在此之前的整个时代称为“前寒武纪”。后来，地质学家发现了更早的生命迹象，但在地质年代表上并没有修改前寒武纪与寒武纪之间的界限。它的标志是硬壳动物的出现。

前寒武纪被划分为超世代，包含三个“宙”，是地质年代表上最长的通用划分。

它们是冥古宙、太古宙（意思是“起源”）和元古宙（“早期生命”）。最近的一次——也就是现在所处的时代——是在5.41亿年前开始的，被称为显生宙（“可见生命”）。

显生宙被细分为三个“代”：古生代（“早期生命”）、中生代（“中期生命”）和新生代（“近期生命”）。地质学家对显生宙的了解比早期的太古宙多得多。

早期的地质学家根据他们在化石记录中看到的变化来划分这些区域。我们现在知道，有几个明显的分界线标志着全球灭绝事件，在这些事件中，大量物种在地质时代的一瞬间消失。

到目前为止，最糟糕的是在古生代末二叠纪末期的生物大灭绝。它消灭了 80%～90% 的陆地和海洋物种。但它为中生代进化成主宰地球的恐龙开辟了道路。6500 万年前的中生代末期，在一颗小行星撞击地球之后，恐龙也灭绝了，但鸟类幸存下来。这反过来又使包括灵长类在内的第一批哺乳动物繁盛起来。

“代”被进一步细分为几个“纪”，这些时期大多以特征性岩石或它们出现的区域命名。英国地质学家是这项研究的中坚力量：寒武纪以罗马语中威尔士的名称 Cambria 命名；奥陶纪和志留纪以威尔士的部落命名。泥盆纪时期的岩石，你猜对了，是在德文郡发现的。

时间持续数千万年，因此地质学家把它们分成更小的部分，称为“世”。这些细分中的大多数只对专家很重要，除了新生代之外，新生代由于较年轻，岩石中日期的分辨率更好。现在的“世”变短了，反映出我们对最近发生的事件有了更多的了解。全新世只跨越了过去的 11 000 年，基本上是自欧洲和北美最后一次大冰原熔融以来的时间。

地球的漫长时光

地球有着悠久的历史，其间经历了一些惊人的变化。你会感叹今天的地球有着壮观的自然特征，但如果与过去相比，它们就不值一提了。以下是我们地球上曾经出现过的七大奇迹。

山高，水深（10亿年前）

10亿年前，当地球的陆地融合为一个叫作罗迪尼亚的超大陆（见第5章）时，世界与现在截然不同。那时所有的生命都是单细胞、完全水生的，所以罗迪尼亚广阔的土地一片荒芜。它缺乏生物多样性，但有广阔的河流系统和山脉。

大约12亿年前，当罗迪尼亚崩塌时，大部分地壳被抬升，就像现在印度板块和欧亚板块之间的持续碰撞正在形成喜马拉雅山一样。它们可能不比今天的山高。芝加哥大学的地质学家戴维·罗利认为，风化作用在山脉形成的过程中侵蚀了山脉，重力决定了地壳在不发生屈曲的情况下能承受多少载荷。这也就意味着，珠穆朗玛峰已经到达了地球上的山峰所能到达的高度极限。

但是，从另一个角度看，罗迪尼亚的山脉非同寻常。想象一下，把安第斯山、落基山脉、喜马拉雅山、阿尔卑斯山、阿特拉斯山和乌拉尔山脉连接在一起，就接近了罗迪尼亚的主山脉的长度。来自渥太华的加拿大地质调查局的罗伯特·雷伯德说，它的长度可能达到15 000～20 000千米，范围覆盖了整个超大陆。在北美和欧洲，包括阿巴拉契亚山脉和苏格兰高地的部分地区，仍然可以找到被侵蚀的遗迹。

就像今天的安第斯山脉和喜马拉雅山脉造就了壮观的河流一样，罗迪尼亚山脉也造就了宽阔的河流——但有很大的不同。雷伯德说，由于没有植被来限制河流，因此它们在荒芜的土地上无拘无束地流动。今天，在无植被的北极高纬度地区，存在着类似的河流系统，其特征是编织成许多较小的河道，但在罗迪尼亚超大陆上，它们要大得多。“它们的长度和宽度远远超过亚马孙河，而且为内陆海提供的补给比我们现在地球上任何地方都多得多。”雷伯德说。他和他的同事已经在北美洲另一边3000千米外的罗迪尼亚山脉以及印度、南极洲、斯堪的纳维亚和西伯利亚发现了沉积物。

大约 7.5 亿年前，罗迪尼亚开始分裂，把它广阔的山脉分裂成碎片。大约 3 亿年前，当陆地重新组合成下一个超级大陆联合古陆时，陆地已被植被覆盖。因此，虽然联合古陆可能也有绵亘千里的山脉，但罗迪尼亚的大河在地球历史上可能是独一无二的。

雪球地球（7 亿年前）

今天，如果你想欣赏赤道附近的冰川，你就必须登上肯尼亚山或者厄瓜多尔安第斯山脉空气稀薄的高峰。但是在大约 7 亿年前，你不需要这么费劲。事实上，在当时你很难找到一个没有被冰雪覆盖的地方。

在一系列的“雪球地球”事件中，这颗行星多次被冰层覆盖。其中最大的一次，是始于 7.165 亿年前的斯图尔特冰期。在很短的时间里，地球上的陆地和海洋都被冰层吞没了，冰层最终厚达数千米。在随后的 5500 万年时间里，地球一直保持这种冻僵的状态，它简直就是一个雪球，类似于今天的南极洲，而它从南极到北极都完全被冰雪覆盖。

至少，这是自 20 世纪 90 年代初帕萨迪纳加州理工学院的约瑟夫·柯尔什维克提出雪球地球的概念以来，许多地质学家开始接受的一种观点。根据他的说法，热带纬度地区沉积的古冰川沉积物——例如在加拿大西北部，距今 7 亿多年，跨越赤道——向我们讲述了一个关于 1.5 ~ 3 千米厚的海冰的故事。

同一地区也为斯图尔特冰川作用的成因提供了线索。富兰克林大火成岩省是一个面积超过 100 万平方千米的火成岩地区，可以追溯到冰川层形成之前不久。似乎是一座超级火山将大量的玄武岩带到地表，在热带雨林中迅速风化，这是一个化学过程，吸收了大量的温室气体二氧化碳（见第 6 章），气温骤降，极地冰盖开始形成。

从那以后，事情的进展异常迅速。随着海水的冷却和冻结，水蒸气（一种强大的温室气体）的蒸发量越来越小。大冰冻加速向赤道移动，使那里的温度降到 −50 ℃，而这样的寒冷气候只有在今天的南极深处才能遇到。

也许是因为它纯粹的戏剧性，雪球地球的想法仍然有争议。一些地质学家选择了一种不那么苛刻的“雪水交融地球”变体。但柯尔希文克认为，冰川沉积物的纯粹地理分布，现在可以追溯到同一时间，这也说明了它们的故事。

这并不是地球第一次被冰覆盖，另一个雪球事件在 24 亿年前就已经开始了，当时分解水以促进光合作用的微生物从大气中吸收了大量的二氧化碳。这些事件凸显了地球气候、地质和生物圈之间的联系是多么敏感。

回到斯图尔特，最终，从海底火山中渗出的二氧化碳开始使地球再次变暖，冰层上的裂缝仍然敞开着。然后，雪球地球几乎和开始时一样快结束了。

最干燥的沙漠和最潮湿的季风（2.5 亿年前）

联合古陆就是这样一个地方，有着极端的景色和更极端的天气。地球最近的超大陆大约在 3 亿年前形成，并在 1.25 亿年后开始分裂。在 2.5 亿年前的鼎盛时期，它形成了一个巨大的“C”字形，温暖的特提斯海依偎在曲线内。在地球的另一边，我们所能看到的只有一片未被破坏的广阔海洋，即泛大洋。

靠近赤道的大陆中心是一片沙漠，但如今地球上最大的沙漠却一无所有。这个时间点是在毁灭性的二叠纪末大灭绝之后。有一种观点认为是超级温室气候，这种气候持续了几百万年，使联合古陆的大部分内陆地区无法居住。据英国利兹大学研究古环境的保罗·威格纳尔说，气温达到 50 ℃是正常的。

在这片巨大的红色沙漠北面矗立着巨大的盘古中央山脉，它们是联合古陆最极致的景观——巨型季风，它沿着特提斯海边缘前进。当潮湿的海洋空气被吹到陆地上并被强迫上升时，水汽经过降温冷凝，变成雨水，季风雨就出现了。威格纳尔说，当时的海水可能很温暖，大约为 40 ℃。空气也很热，而且越热的空气所含的水分越多。山的坡度将迫使大量温暖潮湿的空气上升，使其迅速冷却，并引发洪水，相比之下，今天的季风看起来像是毛毛雨而已。

火山末世（1.35 亿年前）

欢迎来到大熔炉，熔炉又名巴拉那 - 伊滕德卡热点，如果恐龙没有抓住你，可能火山会困住你。联合古陆的南部残余称为冈瓦纳大陆，它已经花了数百万年的时间将我们现在所知的南美洲与非洲分离开来。裂谷作用是造成这场炽热大灾难的因素之一。当裂谷向北移动时，地壳变薄了。与此同时，地幔的过热部分正在升温，从下方加热地壳。最终，岩浆冲破障碍，并淹没了大地。

大熔炉现代被称为巴拉那 - 伊滕德卡火成岩区，广阔的玄武岩覆盖了今天的巴西、乌拉圭、巴拉圭、阿根廷、纳米比亚和安哥拉共 130 多万平方千米的地方。在很大程度上，这就像火山活动创造了冰岛——被动、温和，几乎没有什么爆发力。但这一时期不时爆发出一系列威力无穷的火山。火山爆发指数最大值为 8，被描述为“末日灾难”（“超大规模”级别之上），它是为任何喷出超过 1000 立方千米岩石的事件而设置的，正如 75 000 年前印尼的超级火山多巴所做的那样。这个巴拉那 - 伊滕德卡火成岩区可能在几百万年的时间里至少发生了 9 次“末日灾难”级的喷发。据我们所知，它们是地球历史上最猛烈的喷发之一。

根据我们今天在南美洲和非洲看到的情况，其中喷发最大的一次至少喷发出 8600 立方千米的岩石，甚至可能多达 26 000 立方千米。如果把飞到远方的火山灰和气体也计算在内，这些物质的厚度足以将整个英国覆盖 100 米。如此规模的事件会焚烧方圆数百千米的范围，让一切窒息。一次喷发产生的熔岩绵延长度可达 650 千米。

被吹到高层大气中的火山灰，体量之大几乎令人难以想象，在接下来的几年里，冈瓦纳大陆笼罩在一片黑暗之中。伦敦帝国理工学院的萨拉·多德说，火山灰以及火山喷发产生的硫酸盐气溶胶，将太阳辐射反射回太空，使世界迅速陷入“火山冬天”。植物大规模死亡，整个地区的食物链被破坏，无数恐龙因此失去生命。

北极热浪（5500 万年前）

在过去的几百万年里，地球逐渐变得越来越热，此时正处于行星热浪的边缘，这种热浪很少出现，北极地区炎热潮湿，连棕榈树都在这里生长。这是古新世–始新世极热事件，或者称为 PETM。

即使没有达到温度计的极限值，这里还是相当温暖的，两极基本上没有冰，海洋最深处的温度比今天高 8 ℃，海平面大约高出 70 米。像鳄鱼一样的鳄龙在北冰洋游动，它们在离北极如此近的地方繁衍生息，这意味着即使在冬季永远黑暗的情况下，水温也一定不低于 5 ℃。（今天北极的冬季平均气温徘徊在 −34 ℃左右）。长得像河马的冠齿兽潜伏在海边温暖的沼泽森林中。

在几百万年前，淡水龟出现了，这看起来很奇怪，直到你发现北极盆地几乎完全被陆地包围。河水从陆地上流出，在较重的咸水上形成了地球所见过的最大的湖泊之一。世界的另一端也许正在经历炎热的天气，水温应该是 23 ℃。英国埃克塞特大学的凯特 · 利特勒指出，在古新世—始新世极热事件中植物生长的高峰期，南极洲出现了蕨类植物，所以那里很热。

所有这些升温现象都是大气中温室气体浓度大幅上升的结果，尽管没有人知道是什么造成的。一种原因可能是强烈的火山活动，另一种原因可能是在海底沉积的固体甲烷熔融了，在一场规模巨大、充满气体的火山喷发中释放出了它们的负荷，或者南极的永久冻土熔融了，释放出了大量的二氧化碳，不管是什么原因，经过数百万年的逐渐变暖，温度在仅仅 20 000 年内突然上升了至少 5 ℃。

对生活在海底的生物来说，这是一个艰难的时期，那里正在发生灭绝事件，但陆地上的生物似乎正在蓬勃发展。在东南亚茂密的森林里，一种新的哺乳动物刚刚进化出来：灵长类动物。它们看起来有点像眼镜猴或灌丛婴猴，吃昆虫，在非常非常遥远的未来，将产生唯一一种占据地球所有角落的动物：人类。人类物种的出现也是唯一一个有能力触发比古新世—始新世极热事件更大能量的事件：相似的变暖量，但只用了 1/100 的时间（见第 10 章）。

地中海（533 万年前）

今天，站在欧洲大陆最南端的塔里法角，直布罗陀海峡对岸的摩洛哥山脉清晰可见。这片繁忙的水域，只有 14 千米宽，是大西洋和地中海之间的门户，也是非洲和欧洲大陆边界最接近的地方。

然而 540 万年前的情况却大不相同。那时只有广阔的大西洋，却没有地中海。取而代之的是一个巨大的盆地，闪烁着盐晶体，布满了高盐度的湖泊。这个凹陷盆地最低点在海平面以下 2.7 千米。那将是一个相当壮观的场面：今天地球陆地的最低点位于死海盆地，海拔仅 −430 米。

在墨西拿盐度危机最严重的时候，构造运动关闭了直布罗陀海峡，切断了地中海。在炎热干燥的气候下，海洋完全蒸发几乎需要 1000 年的时间。我们至今仍能找到这一时期的遗迹，海底和沿岸都有厚厚的盐和石膏沉积层。盆地干旱没有持续多久。随着时间的推移，气候变得越来越凉爽湿润，流入盆地的河流把它变成了一种湿地，称为海洋湖泊，或“湖海”。但是，在西方，一场灾难正在酝酿之中。

大约533万年前，一场构造沉降、侵蚀和海平面上升的综合作用开始重新打开通往大西洋的大门。赞克勒期大洪水——以其发生的地质年代命名——可能开始得很慢，数千年来逐渐填满了盆地的10%左右。但根据西班牙巴塞罗那豪梅·阿尔梅拉地球科学研究所的丹尼尔·加西亚·卡斯特利亚诺斯的说法，它以堪比《圣经》中大洪水的规模而结束。流入速度猛增，短短几个月内就完全填满了整个盆地，使地中海每天上升约10米，每秒有10亿立方米的水呼啸而过，是今天亚马孙河流量的5000倍。这实在让人惊叹不已。

令人惊讶的是，这一切都有可能再次发生。没有足够多的河水流入地中海来补偿蒸发：它需要大西洋来保持它的水位。如果构造作用力使海峡封闭，则地中海最终会再次干涸。

被淹没的天堂（1万年前）

从英格兰德东海岸克罗默的维多利亚码头上看，北海显得荒凉而没有吸引力。但要往前1万年，那将是一幅完全不同的景象。在全新世的黎明，随着最后一个冰河时代的结束，海平面比今天低很多，英国与欧洲大陆连接在一片肥沃的平原上，一直延伸到丹麦，这个地区的名字叫多格兰。

多格兰被认为是史前沼泽、湖泊、河流和人类的天堂。2008年，布拉德福德大学考古学家文森特·加夫尼和他的同事利用挪威一家石油公司采集的地震勘探数据重建了这个失落的世界。其结果是绘制了一幅覆盖面积为23 000平方千米的地图，大致相当于威尔士的版图。

在它的南端，外银坑湖，现在是北海海底的一个凹陷区，从东部的泰晤士河和西部的莱茵河分别向其注水。多格兰的人们聚集在它的海岸上捕鱼、狩猎、采集浆果。加夫尼形容它是“狩猎采集者的黄金地段”。如今，北海拖网渔船偶尔会从海床上挖掘这些古人的踪迹——比如用鹿骨做成的矛头，但对他们的了解并不多。

我们所知道的，他们是气候变化的受害者。随着全球变暖和冰川熔融，海平面每世纪上升约 2 米，逐渐吞没低洼地区。几千年来，多格兰岛变成了一个群岛。然后，大约 8150 年前，一场巨大的海啸袭击了挪威，这次海啸是由现代挪威海岸附近一场巨大的海底滑坡引发的，这场滑坡被称为斯托瑞加滑坡。2014 年的一项研究估计，可能是地震引发的 3000 立方千米的沉积物崩塌。据负责这项研究的伦敦帝国理工学院的约翰·希尔说，它引发了一场巨大的海啸，席卷了多格兰岛的剩余部分。

多格兰岛剩余的部分都会被淹没，导致希尔和其他人认为，斯托瑞加滑坡为其人民敲响了丧钟。最终，英国与欧洲大陆的文化分离将持续数千年。

3

地球内外

地球就像一颗洋葱，从它的土壤表层到铁质核心可以分为不同的层。这些分层的大部分我们都无法进入实地探索，但这并没有阻止我们探索的脚步，通过一些巧妙的实验方法和对自然更深层次的理解，我们发现它隐藏的秘密。

向下，再向下

“在 7 月来临之前，斯卡尔塔利斯的影子会落在斯奈菲尔的约库尔火山口，勇敢的探险者从这个火山口下去，你就能直达地心。”阿尔纳·萨克努塞姆写道。

在这些文字的指引下，奥托·黎登布洛克朝着冰岛的斯奈菲尔火山走去，然后向下进入地球。一到地下，他就遇到了深海、史前生物、闪电风暴和巨大的昆虫。

这是 1864 年儒勒·凡尔纳在《地心游记》中所写的。要是能这么简单地探索地球内部就好了。到目前为止，我们只钻穿了地球外壳的 1/3。除此之外，我们还必须以冲击波及其穿过不同密度岩石的方式来推断地球外壳的组成。

地震波

具有讽刺意味的是，最有价值的冲击波竟然是来自那些最具破坏性的事件——地震。地质学家能够测量地震波从震中位置传播到全球不同地点所需的时间，从而揭示了地球是分层的，就像洋葱一样。外面是薄薄的地壳，它的深度还没有贴在足球上的邮票的厚度大，下面是地幔，占地球体积的 82% 以上，更深处是非常致密和炽热的地核。

地震产生的冲击波在各个方向上传播，遇到不同密度的岩石会反射或折射。如果岩石密度较大，压力波就会加速前进；如果岩石密度较低，压力波就会减速。通过确定这些地震波穿过地球的路径和速度，地质学家可以确定我们脚下数千千米深处岩石的密度和厚度。

爱尔兰地球物理学家罗伯特·马利特在 19 世纪末开始从事地震学的研究。研究人员发现，地震主要发出两种类型的波：初至波，或称为 P 波，与声波相似，它们使传输介质交替地压缩和膨胀，能通过固体、气体和液体传播；次至波，也被称为 S 波，质点的振动方向垂直于波的传播方向。这意味着它们只能通过固体，而液体和气体没有刚性来支持它们的横向运动。

当南斯拉夫的地球物理学家安德里亚·莫霍洛维奇分析 1909 年克罗地亚地震的记录时，他发现了四个地震脉冲。靠近震中的地震仪记录了传输缓慢的 S 波和 P 波。在更远的距离处获得的记录中，这些信号消失得很快，取而代之的是传输更快的 S 波和 P 波。

莫霍洛维奇解释说，慢波是通过地壳上层传到地震仪的。然而，速度较快的波，一定是通过了下面一层密度更大的岩石，这层岩石使它们偏转并增大了速度。

他总结说，密度从 2.9 克 / 厘米^3 到 3.3 克 / 厘米^3 的变化标志着地壳和地幔之间的边界。这一边界平均位于洋盆之下 8 千米，大陆之下 32 千米，现在被称为莫霍不连续面，简称“莫霍面”。

地球内部的阴影

随着地震学家从地震中采集到越来越多的记录，他们注意到了一个没有冲击波的“阴影区”，在距离震源 105° 到 142° 之间（见图 3.1），超过 142°，地震波又出现了。关于这种结果的唯一一种解释是，地震波从固体进入液体，阻止了 S 波，使 P 波的传播速度减慢并发生折射。在 2900 千米深处，密度从 5.5 克 / 厘米^3 变化到 10 克 / 厘米^3，被确定为地幔和地核之间的边界。

后来，在“阴影区”发现了更微弱的波。1936 年，荷兰地震学家英格·莱曼提出，在进入地核 2200 千米处，密度发生了进一步变化。这种变化会加速 P 波的传播，并使其中一些波弯曲，使之出现在“阴影区”。她断定在地球内

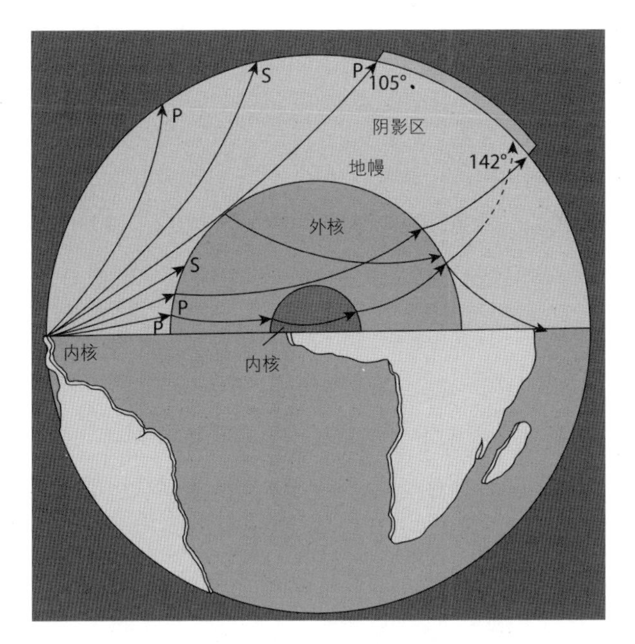

图 3.1　地震波被不同密度的岩层阻挡或折射。液态的外核从震源开始以 105° 投射出一个阴影

部是非常致密的固态内核，我们估计其密度从 12.3 克 / 厘米^{3}变化到 13.3 克 / 厘米^3。

极端条件

我们现在看到的地球图片是一系列同心层，它们逐渐向中心聚集（见图 3.2）。两个相反的因素控制着这个密度。

首先是温度，它可以使岩石软化或发生熔融。由于岩石中放射性元素的衰变所产生的能量，地球内部大部分地区都是热的。在地球的中心，温度可能达到 3000 ℃，在地幔 – 地壳边界下降到 375 ℃。其次是压力，它倾向于使岩

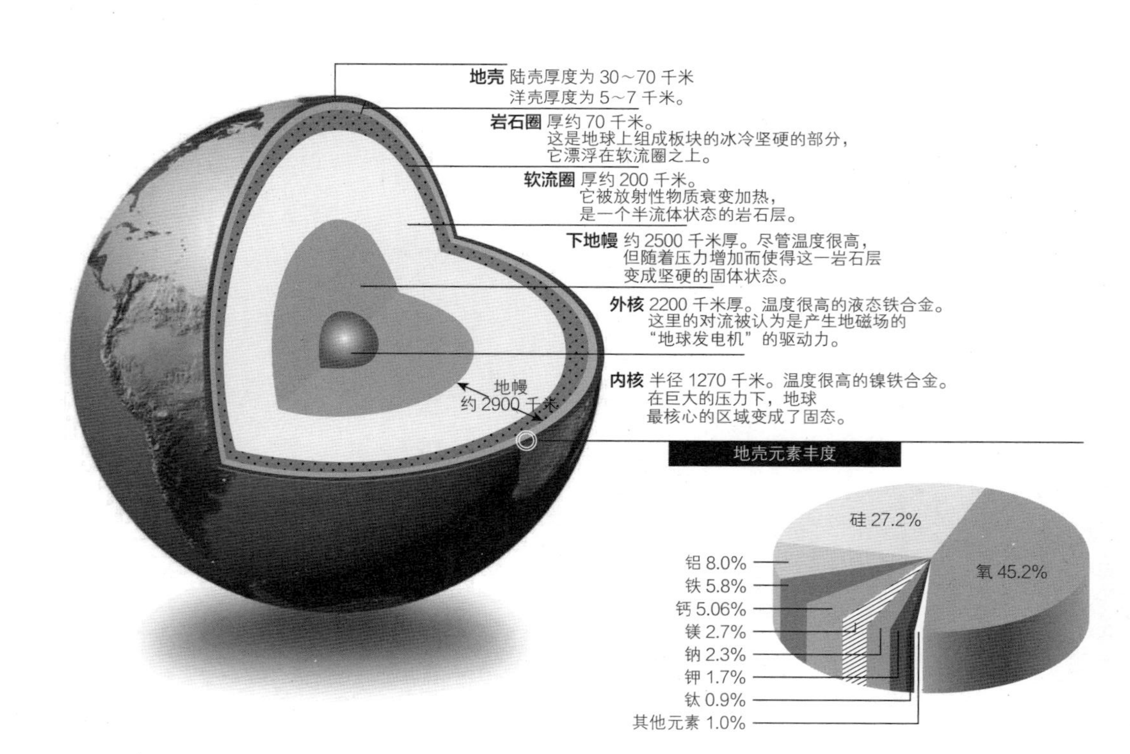

图 3.2　地震勘探使我们对地球的层状结构有了很好的认识。地壳元素丰度是通过化学分析得出的结论

石凝固。越到深处，上覆岩石的重量就越大，压力也就越大。

实际上，靠近寒冷的地表，岩石主要是脆性固体。这个岩石圈，包括地壳和上地幔，延伸到大约 60 千米。在这一点上，地震波减慢，表明密度下降。这就是“缺乏强度”的软流圈，在那里放射性热量不易散失，岩石容易熔融。它以太妃糖一样的稠度延伸到近 200 千米。

在软流圈之下，地震波在大约 2100 千米的深度内，先加速后减慢。这就是“中间圈”，在这里，压力克服了不断增加的热量，使岩石变得更坚硬，因此它们只能非常缓慢地“蠕动”。在 S 波逐渐消失的地幔核边界，温度起初高到足以抵消巨大的压力，在大约 2200 千米的范围内，外核是液态的。但在中心，压力再次占据优势，形成半径 1270 千米的实心内核。

神秘的地幔

了解地球内部的物理状态是一回事，知道它是由哪些物质组成的，却是另一回事。地壳，我们可以分析。在大陆地区，我们发现了大量的硅和铝，这些元素与氧结合构成了最常见的岩石——花岗岩。在海洋下面，在大陆花岗岩之下，我们发现了以硅、铁和镁为主的玄武岩。

我们能够确定的东西也就到此为止。约占地球质量 2/3 的地幔，仍然是未知领域。我们没有原始样品。虽然有一些来自地壳下面的岩石到达地表，但它们都受到了污染。例如，被称为地幔结核的稀有岩石从火山中喷发出来，表明地幔是由包括橄榄石和辉石在内的矿物组成的，这些矿物仅在高压下形成，含硅少，但含镁和铁多。

而且，在洋底的某些地方，会暴露一些地幔岩，但与海水的接触使它们的成分发生了巨大的变化。没有新鲜的样品，地质学家甚至连地幔到底是由什么构成的、它是如何形成的，以及它是如何运转的这些简单事实都难以确定。

相反，他们不得不利用从实验室中获得的间接证据和知识拼凑出有关地幔的理论。例如，硅、镁和铁存在于上地幔中的橄榄石和辉石等矿物中，而在更深的压力下，原子会重新排列成更致密的高压矿物，从而改变岩石的组成。在下地幔中，矿物很可能分解成简单的氧化物。

进一步的线索来自陨石。它们是由与我们星球相同的宇宙碎片锻造而成的。石质陨石可能代表地幔状物质，而铁陨石代表地核物质。这些金属质陨石主要含有铁、硫化铁、镍、铂和微量铱元素。

来自地下的信息

发现地幔的成分将极大地提高我们对地球化学组成的认识，并为我们提供有关其形成条件的线索。探索地幔奥秘的一种方法是使用中微子，这是一种不带电的、近似无质量的粒子。它们——或者更确切地说是一种叫作电子反中微子的反物质变体——随同地球内部深处岩石中的铀、钍和其他放射性同位素的衰变大量涌出。

同铁、硅等其他所有元素一样，铀和钍也存在于地球形成时的太阳星云中，尽管数量较少，但在不同温度下会浓缩为不同的数量。如果我们知道有多少铀和钍进入了地球的制造过程，我们就会知道原始环境是什么样的，并且估算出在地球内部能发现多少其他物质。通过追踪铀和钍在地幔中的分布，无论是均匀分布，还是以不同的组合方式成片分布，或是以层状分布，我们都可以了解我们星球的内部动力学。

没有比计算不同放射性同位素产生的“地球中微子”更好的方法了，由于它们几乎不与正常物质发生相互作用，因此这些粒子可以在地球内部畅通无阻地穿行，至少大体上，在它们离开时，能够让靠近地表的探测器拦截它们。实际上，同样的轻质性使得中微子也更容易通过我们的探测器。捕猎它们要有技巧和足够的耐心。

幸运的是，我们花了十多年的时间开发这些探测器。神冈流体闪烁体反中微子探测器（KamLAND）于2002年在日本中部城市飞驒市附近投入使用，它由1000吨透明液体组成，当被中微子击中时，会发出闪光。它位于地下1千米深处，能更好地屏蔽宇宙射线 μ 子，其信号类似于中微子的信号。

2005年，神冈流体闪烁体反中微子探测器发现了第一个来自地球内部的微弱电子反中微子信号，但它被附近核电站发出的反中微子的嘈杂信号淹没了。2007年，探测器升级加上一座最大的核电站暂时关闭，使地球的信号得以穿透。到2009年年底，神冈流体闪烁体反中微子探测器已经记录到106个电子反中微子，带着来自地球内部铀和钍衰变产生的能量。

博雷西诺探测器的实验也有收获，它位于意大利中部的格兰萨索国家实验室，这个较小的探测器是用来从太阳核聚变过程中提取中微子的。结合这两个实验的数据，仅通过地球中微子就足以产生第一个具体的地球物理预测：地幔和地壳中铀和钍的衰变，对从地球内部逸出的热量贡献了大约20太瓦。

如果我们想要勾勒出地下究竟是什么，就需要通过这些数字。地球通过其表面辐射出约46太瓦的热量，来自两个来源：放射性衰变产生的“放射源热量”；地球形成过程中由于粒子碰撞和铁沉入地核而储存的“原生热量”。确定每种来源的地表热量各有多少对我们勾勒地球图景有着广泛的影响。

例如，如果地幔中的物质在缓慢对流，或者它们之间的热量传导有限，则从地球内部输送到地表的原生热量就比较少。如果是这样，地球热量中最大的一部分——30 太瓦甚至更多——必然是放射源热量。中微子实验表明，真实的数字较低，这意味着地幔的混合是相对彻底的。

矿物谜团

辐射热通量还表明，这颗行星中铀的总含量约为十亿分之二十。裸露的地幔岩石含有类似的铀，这表明它们确实代表了地幔，并支持了整个地幔有效混合的观点。但它也隐藏了一个谜团。暴露的地幔岩以镁铁硅酸盐矿物橄榄石为主，其铀含量明显高于一种名为顽火辉石球粒陨石的岩石。长期以来，这些陨石被认为是构成地球物质的代表，但它们主要由另一种硅酸盐矿物辉石构成。这就提出了一个问题：这种以辉石为主的矿物究竟藏在地幔深处的什么地方？或者说地球的物质组成与顽火辉石球粒陨石有什么不同？

地幔中橄榄石与辉石的比例对于确定地球形成于太阳星云的时间和地点至关重要。橄榄石会在比辉石稍高的温度下沉淀出来，所以会有更多的橄榄石靠近太阳，或者在温度较高的行星构造过程中更早出现。

我们离答案还有一段距离。由于迄今为止发现的地球中微子的数量，对辐射热通量的估计有很大的浮动范围：20 太瓦的数字有大约 9 太瓦的误差，这就很难忽略地幔成分或混合的任何情况。仅仅依靠神冈流体闪烁体反中微子探测器和博雷西诺不太可能使争论停下来。

第三种探测器，在 2018 年开启，可能会对此产生决定性的影响。这就是 SNO+，位于加拿大安大略省萨德伯里中微子天文台的地下深处。它的大小和神冈探测器差不多，但由于它位于地下岩层 2 千米深处，因此可以更好地免受宇宙射线 μ 子的影响。它周围没有核反应堆。总之，不管怎样，在背景值较低的情况下，SNO+ 应该能够大量地观测地球中微子。

这只是个开始。理想情况下，我们要绘制地球中微子的起源图，从而得到一个更精细的图片，用以说明铀和钍的分布以及地幔的均匀性和混合性。这意味着从地壳和地核等其他来源中筛选出地球中微子，这需要建立一个探测器网络，寻找从不同地点、不同角度射出的中微子。这将使我们能够发现更多关于地幔特殊区域的信息，例如非洲和太平洋下面的“超级地幔柱”，它们被用来解释火山活动的异常区域（见第 5 章）。

当地震波通过这些超级地幔柱时传播速度急剧下降，表明这里的黏性较小，温度较高。这可能是因为它们含有大量衰变的铀和钍。如果真的如此，它们应该是地球中微子的热点。

由浅入深

不只有宇宙射线，太阳和核反应也可以混淆地球中微子信号。要绘制地幔内部的活动图，我们还需要排除地壳和地核中的中微子。与地幔相比，地壳非常薄，但它与地下探测器更接近，这就意味着它的地球中微子信号可以压倒地幔的信号。

为了减少这种噪声干扰的影响，加拿大的研究人员开始研究 SNO+ 中微子实验周围的地壳岩层及地幔边界，目的是估算铀和钍的含量，以及它们衰变后可能产生的中微子数量。

地核中释放的中微子怎么处理？它们也会产生噪声干扰吗？不久前，地球物理学家认为，地核中可能有足够的铀，使其成为一个巨大的核裂变反应堆。但模拟显示，在高温高压下充满岩浆海洋的早期地球中，铀总是倾向与地幔状岩石中的发现元素在一起，而不是地核中的铁和镍。

地球的心脏

地震波测量、计算机模型和模拟地核极端条件的室内实验都提供了地球最深处事物如何工作的画面。

通过地震勘探，我们知道地核处于 2890 千米以下，其半径为 3470 千米。它由两层组成，外层为液态铁质，内层为固态镍铁物质，大小与月球差不多。

但地核并非一直都是如此。最初，这颗行星只是一个没有明显结构的大杂烩。然后，最重的元素，主要是铁和少量镍，向中心移动。具体发生的时间和方式仍有待研究。有一种观点认为，地核是在一次朝向中心的岩崩中突然形成的，另一些人则认为铁慢慢地流下来形成了地核。

在地球深处的火山岩中测得的放射性同位素表明，地核形成于地球 0.3 亿 ~1 亿岁时。35 亿年前，液态铁核中的旋转运动已经形成了磁场。然后，在 15 亿到 10 亿年前，地核的中心冷却到足以结晶成一个固体内核。

围绕地核的一个谜团已经解开。一段时间以来，人们都知道地震波在地核东侧的传播速度比西侧快，但没人能搞清楚原因。现在的模拟表明，这很可能是由于外核中液态铁的旋涡从核幔边界附近拉下较冷的物质，并将其贴在固体内核上。在过去的 3 亿年里，铁旋涡的大部分处于亚洲之下，导致内核东面比西面增大了 100 千米左右。

这可能对地球磁场产生影响，大多数研究人员认为，地球磁场是由液态内核的对流产生的。一些人认为，随着时间的推移，由不断增长的内核引起的湍流，久而久之，可能会使磁场不太稳定，更容易翻转，导致地球南北磁极互换位置（见第 4 章）。

当这种情况发生时——就像过去曾发生过的一样——地球暂时失去保

护，无法抵御来自太阳的高能粒子流（太阳风）的影响。这样的结果可能是灾难性的——最乐观的情况是，它可能破坏我们所有的电子设备；而最坏的情况，它可能会破坏我们赖以生存的大气层。这究竟是好消息还是坏消息，取决于你怎么看，因为没有人知道磁场翻转什么时候会发生。

隐形盾牌

地球磁场被认为是由最基本的物理过程产生的。流经液态地核的电子产生电流，进而产生磁场。换言之，地核是一个巨大的、自我维持的发电机。

它可能很简单，但有一个问题。近年来，相对而言，证据表明发电机肯定是一种新现象。然而，古老岩石中的磁性清楚地表明，地球的大部分历史时间段都存在着磁场。为调和这一明显的悖论，我们不得不重新思考地球内部发生的事情。

正如我们看见的，公认的观点是，随着早期地球的冷却，它的致密铁慢慢下沉到中心，在那里被高温熔融。接下来，热对流开启——热流体上升和冷却稠密液体下沉的过程。这种运动使发电机运转起来。

然后出现了一个复杂的情况。地球冷却到足以使一些地核的铁水凝固。在地球内部极端的温度和压力下，地核开始由内而外冻结。据大多数人估计，这一过程始于 15 亿年前。今天，内核是一个半径超过 1200 千米的实心铁球，并且随着地球的冷却而不断增大。

幸运的是，内核的冻结启动了另一个效果——使地核磁力发电机持续运转。随着内核的增长，它会排出任何较轻的元素。当盐水结冰时也会发生同样的事情：盐不适合冰的晶体结构，所以它会被排出，让淡水冰漂浮在咸水上。

同样，在地球内部，固体内核几乎是纯铁，而周围的液体则含有铁、镍以及少量硫、氧和其他轻元素。这些额外的成分使内核周围的液体密度降低，所以它会上升。远离内核的地方，较重的富铁物质下沉，使外核处于一个被称为成分对流的漩涡中。因此，主流观点认为，在地球历史的大部分时间里，热对流和成分对流一直维持着发电机的转动。但问题也是从这里开始的。在过去的几年里，研究人员开始怀疑是否曾经发生过热对流——或者说，如果发生了，热对流是否会足够强大以驱动地球的磁场。

问题在于热量的传播方式。对流需要温差：在一壶沸水中，底部比顶部热。只有当水是热的不良导体时，这种情况才会发生。良导体能迅速使温度平衡，并阻止对流。还有一个问题：越来越多的证据表明，地核是一种比我们原先认为的更好的导体。

2012 年，两个独立的计算机模型预测，液态地核的热导率肯定是先前认为的两倍。然后，在 2016 年，日本东京工业大学广濑敬的研究小组测量了相当于地核压力之下的铁的热导率。结果与这两个预测相符，表明地球磁场只有在 15 亿年前地核第一次凝固时才能出现。

但这不可能。我们知道地球磁场早在那之前就已经存在了，因为它的存在被记录在古老的火山岩中：当熔化的岩石凝固时，它的磁性矿物与地球的磁场一致（见第 4 章）。有确凿的地质证据表明，这些岩石中的史前磁场至少有 34.5 亿年的历史，这就抛出了一个难题：当热传导和成分对流都不能维持地核发电机继续运转时，会出现什么情况？

第三种形式

加州理工学院的戴维·史蒂文森和同事认为他们有一个解决方案，即第三种对流形式，不依赖内核周围的活动。相反，他们关注的是位于液态核外边界的事件。随着温度的降低，溶解在铁中的较轻元素会析出并被吸收到地幔中，留下的密度更大的液体随后下沉，从而引发对流。

目前正在确定这一过程的主要驱动因素，主要的嫌疑是镁或硅。镁不易溶于铁，所以很容易沉淀析出。但最初使它溶解时，需要非常大的热量，大概是地球形成时剧烈的碰撞产生的。硅更为丰富，因此很可能在地球的深处占据主导地位。广濑敬小组的实验表明，二氧化硅在地核中容易结晶，而不需要任何外部过程。他认为二氧化硅最有可能是这种新形式对流的驱动力。

甚至有些研究人员提出，对流根本不能驱动发电机。相反，地球的摆动旋转可能会晃动熔融的铁核，或者月球的引力可能会像引起海洋潮汐一样拖拽液态铁核。但这些观点并不被认为是主流观点。

似乎更有可能存在一种新的对流形式在地球深处起作用。尽管单凭这一点能否解决磁场悖论还没有定论，但幸运的是，我们不用等太久，因为这是一个快速发展的研究领域。

生命松软的外衣

我们在深入地球的过程中，忽略了一层无法回避的东西。这是我们大多数人每天都能看到的一层。然而，如果没有土壤圈——土壤——大多数植物将无法生长，支撑大多数动物（包括我们在内）的食物链将在其底部被切断，简而言之，陆地上的生命都将不复存在。

从行星的角度来看，土壤是一个巨大的界面带，覆盖了地球大部分的陆地表面，大气圈、水圈、生物圈和岩石圈都在这里交汇。这是一个迷人而重要的环境，也是一个非常复杂的环境。土壤不仅存在于这四个圈层之间的交汇点，而且它的存在还取决于它们之间的相互作用。

土壤是由固体组成的，这些固体物质中的一部分是岩石风化的产物，另一部分是生物活动的产物——腐烂的植物和动物残骸。土壤疏松多孔，固体物质和孔隙空间通常各占一半。孔隙中含有一定的水和空气，这取决于土壤的湿润性或干燥程度。

土壤是由多种作用综合形成的，例如，反复的冻融作用和风、水、冰的作用，物理风化作用将基岩破碎成为颗粒状，化学风化改变了岩石的矿物组成。土壤也产生于动植物分解的固体物质以及水中溶解的化学物质的运动。

土壤的关键功能之一是维持生命，而且土壤本身也充满了生命，大多数是肉眼看不见的微生物，更明显的是稍微大一些的动物，比如蚯蚓，以及生活在其中和上面的植物。所有这些生物活动都源于土壤提供生活必需品的能力：住所、食物和水。

对于植物和许多食用它们的动物来说，营养取决于它们所需的氮、磷、钾和钙等一些重要元素的摄入，而这些元素的量是不同的。岩石和矿物风化以及有机物质分解等过程将这些元素以溶解态释放到土壤的水中，供土壤有机体和植物使用，植物通过根吸收这些元素。

濒危资源

土壤形成的过程受环境因素的影响，如下伏地质条件，当地的植被、气候和地形。这意味着，在不同地方，这些过程以不同的方式结合在一起产生各种各样的土壤。

土壤按其在垂直剖面（土壤剖面）中所显示的特征进行分类。例如，在温带地区，陡坡上针叶林下由砂岩形成的砂质矿物可能转变成灰壤，它具有典型的带状结构，这种结构是由水渗透造成的物质损失和再分配而形成的。在热带气候中，雨林下的强风化玄武岩可以产生深红色、富含氧化铁的氧化土。

土壤的分类系统和我们用来划分生命形式的分类系统一样精细。仅在美国，就有20 000多种土壤类型已被编入目录。许多土壤正面临消失。事实上，据估计，超过1/3的地球表层处于濒危状态，而这并不是损失的全部。根据联合国2015年《世界土壤资源状况》报告，世界上大多数土壤的状况处于中等、贫瘠或非常贫瘠状态。每年被侵蚀流失的表土多达400亿吨，土壤中的养分正在枯竭，人为因素引起的盐渍化已经扩散到约76万平方千米的土地，这相当于巴西所有可耕种土地的面积。

图3.3　世界每年都会失去一块面积相当于路易斯安那州的健康土壤。这会造成严重的经济后果

如果我们不减缓这种下降的趋势，所有可耕种的土壤可能在 60 年内全部消失。鉴于土壤给我们供给着 95% 的食物，并以其他几种令人惊讶的方式维持着人类的生命，这是一个巨大的问题。许多人认为，土壤退化是对人类最严重的环境威胁。

爆炸灭绝

质地突变的硬磐夏旱淋溶土是美国西部主要农业用地的一个土壤亚类。它濒临消亡，部分原因是它几乎不能直接用于农业：它有一种变质的倾向，形成一种致密、压实的硬质地层，排斥植物的根和水。深受其害的农民们用炸药把它炸开——这是一种不可思议的土壤灭绝方式，但只是众多方式中的一种。

来自土壤的服务

世界土壤的退化是一场缓慢演变的灾难，科学家们一直在为这场灾难发出警告。一直以来，我们对土壤重要性的认识并没有增强多少。土壤不仅能培育我们的食物，此外 1 克土壤中可能含有 1 亿个细菌、1000 万个病毒和 1000 种真菌。这种显微镜下的“动物园”几乎是我们所有抗生素的来源，它可能是我们对抗抗生素耐药细菌的希望所在。例如，条件好的土壤可以抑制病原菌的生长。

土壤也是应对气候变化的好帮手。当土壤中的线虫和微生物消化动物尸体和植物残枝时，它们会锁定其中的碳。据估计，即使是在退化状态下，全球土壤的碳含量也是整个大气层的 3 倍。土壤退化还能造成水灾等其他损失。英国政府在 2012 年发布的一份报告显示，土壤退化导致的洪灾每年给国家造成的经济损失高达 2.33 亿英镑。

最大的威胁

濒危的土壤让生态学家感到紧张，到目前为止，土壤最大的问题是农业。在野地里，植物吸收的养分在死亡和腐烂时会返回土壤，形成丰富的腐殖质。但是人类往往不会将收获的作物中未使用的部分归还到田地里去，以补充这些养分。

我们早就意识到了这一点，并采取了一些措施，比如，让农田休耕，或轮作需要不同养分的作物，从而保持土壤平衡。种植豆科植物甚至可以向土壤中添加氮：它们的根部有根瘤菌，能捕获大气中的氮并将其转化为可吸收的硝酸盐。

但是随着人口的增长和农业的机械化，这些做法变得不太方便。在 20 世纪初出现的一种解决办法是，用哈伯-博世法生产硝酸铵，作为一种丰富的可用氮源。从那以后，农民们就一直用这种合成的肥料在他们的田地里耕作。

但在过去的几十年里，很明显这不是一个好主意。化学肥料释放污染物一氧化二氮到大气中，未能被植物吸收的多余部分经常被冲走，氮被输送到河流中，在那里它成为有害藻华的营养。最近，我们发现滥用化肥会伤害土壤本身，使其变酸或咸化。它还抑制真菌和植物根系之间的共生关系，甚至可以使有益的菌类相互对抗。

因此，在许多方面，肥料原本是为了给土壤增加营养，实际上却加速了它们的消亡。它们有利于植物的生长，但它们掩盖了土壤退化的性质和程度。更糟糕的是，当土壤失去肥力的时候，农民们会施加更多的肥料。

土壤退化的解决办法

大规模的退耕还林不太可能，那么还有什么办法可以拯救我们的土壤呢？

一种可能的解决办法是使肥料更智能。植物在需要氮的时候有效地“告诉”微生物，微生物通过从有机物中释放氮做出反应。2011 年，加拿大渥太华卡尔顿大学的卡洛斯·蒙雷亚尔和他的同事发现了植物在需要氮的时候会分泌出的五种化合物。

研究人员发明了一种肥料，这种肥料能在遇到这些化学信号之前保持其养分不失效。关键是核酸适体，即与特定化学物质结合的短 DNA 链，就像抗体一样。它们在一小块肥料周围搭建了一个含有核酸适体的支架。当一种植物信号化合物出现时，核酸适体与之结合，破坏支架并释放其内部的养分。

另一种观点认为，我们应该完全用人工肥料来补偿，并补充土壤自身的微生物资源：微生物群。派厄斯·弗洛里斯是这一领域的先驱，他在荷兰经营着一家树木护理公司，他意识到确保自己的树木茁壮成长的最好方法是保护土壤。因此，他开发了一种包括有益细菌、菌根真菌和腐殖质的“通用配方”，它们附着在植物根系上，帮助植物提取营养物质。

在试验中，当弗洛里斯开发的混合物被添加到类似沙漠的试验田中，长出的植物具有健康的叶子和根系，而在试验田中施用传统杀虫剂和肥料的植物，都很小而且发育不良。

尽管这些措施具有创新性，但充其量只能在全球土壤退化问题上取得一点小小的进展。我们需要采取更广泛的行动。但是在这之前，科学家需要让政府和公众意识到这些问题。加拿大温尼伯的智囊团、国际可持续发展研究院的帕梅拉·查斯克和她的同事提出了一个便于实现的“土地退化零净增长”目标。就像“碳中和”的理念一样，它是一个容易理解的目标，可以帮助人们建立预期并鼓励行动。它将提供一种方案，让像蒙雷亚尔和弗洛里斯这样的项目能够联合起来。

4

板块、地震和火山喷发

板块构造学说是一种看似简单又显而易见的观点。令人惊讶的是，它在20世纪60年代才被接受，从那时起，它以一种不同于达尔文改变生物学那样的方式改变了地质学，一切突然变得有意义了。

突破性的想法

地球充满了一层黏性地幔，上面漂浮着一些不断相互摩擦的刚性板块。这是板块构造的本质。

虽然这是一个如此简单的想法，但它的含义是很多的。板块构造理论告诉我们地球的历史，为什么海洋闭闭合合，山峰起起落落，大陆四分五裂。它揭示了火山和地震出现的地方，以及出现的原因。板块运动产生了一定的高温高压条件，创造了许多石油、天然气和其他矿藏。

还有一个重要的方面，板块与水和碳循环的相互作用，使我们的气候保持恒定，创造了一个对生物有益的环境。板块构造理论将地质学从一门收集、分类和编目的科学转变为一门过程科学，在这个过程中，我们可以进行预测并进行检验。

拼凑起来的坚硬拼图

17 世纪，英国哲学家弗朗西斯 · 培根指出，美洲东部和非洲西部边缘的轮廓似乎像一块巨大的拼图拼凑在一起。

后来，新大陆的定居者发现美洲大陆蕴藏着大量的煤炭，这些煤炭的储量似乎与欧洲的储量相当。科学家在大西洋两岸发现了同一种动植物的化石。渐渐地，有一种观点出现了，那就是大陆可能曾经是一个整体，并且正在漂移。

1912 年，德国地球物理学家阿尔弗雷德·魏格纳给这个观点起了一个名字："大陆漂移"。但他没有找到一种使大陆移动的机制，这个想法起初遭到嘲笑。

1928 年，英国杜伦大学的地质学教授阿瑟·霍姆斯认为，上地幔可能存在对流。美国地质学家哈里·赫斯扩展了这一理论，提出了海底扩张的概念。他的观点是，对流迫使熔融的玄武岩或岩浆上升，并在上覆洋壳上打开长长的裂缝。当岩浆从这些裂口中流出时，它会冷却并扩散，在世界海洋下面形成大山脊。

科学家们对此持怀疑态度，直到 20 世纪 60 年代对中大西洋山脊进行了磁力测量之后，态度才有所转变。有证据表明，洋底上的岩石在平行于洋脊的一系列条带中以不同的方向被磁化。在洋脊的两侧出现了相同的带状图案。

研究人员解释这种图案的依据是，当岩浆在海底凝固时，其矿物在地球主导磁场的方向上被磁化。后续岩浆的涌出会将凝固玄武岩的顶部一分为二。如果地球磁场同时发生逆转，那么新的玄武岩条带将被磁化，磁化方向与先前的相反。

这一解释，加上距大洋中脊越远的岩石年龄越老，都表明，随着大洋中脊不断地向洋底补充物质，曾经连在一起的大陆会被大洋分开。

1965 年，加拿大地球物理学家约翰·图佐·威尔逊将大陆漂移和海底扩张结合成为活动带和刚性板块的单一概念。1967 年，美国地球物理学家又增加了另一个概念——逆冲作用，就是现在人们所知的“俯冲”——地壳的一个板块冲入另一个板块之下（见第 1 章）。

根据以上各种观点，板块构造的宏大理论形成了：地球的外表面，即岩石圈，由七个大板块和若干小板块构成，它们在炽热、部分熔融的软流圈上漂移。当漂移时，它们携带着海洋和大陆。

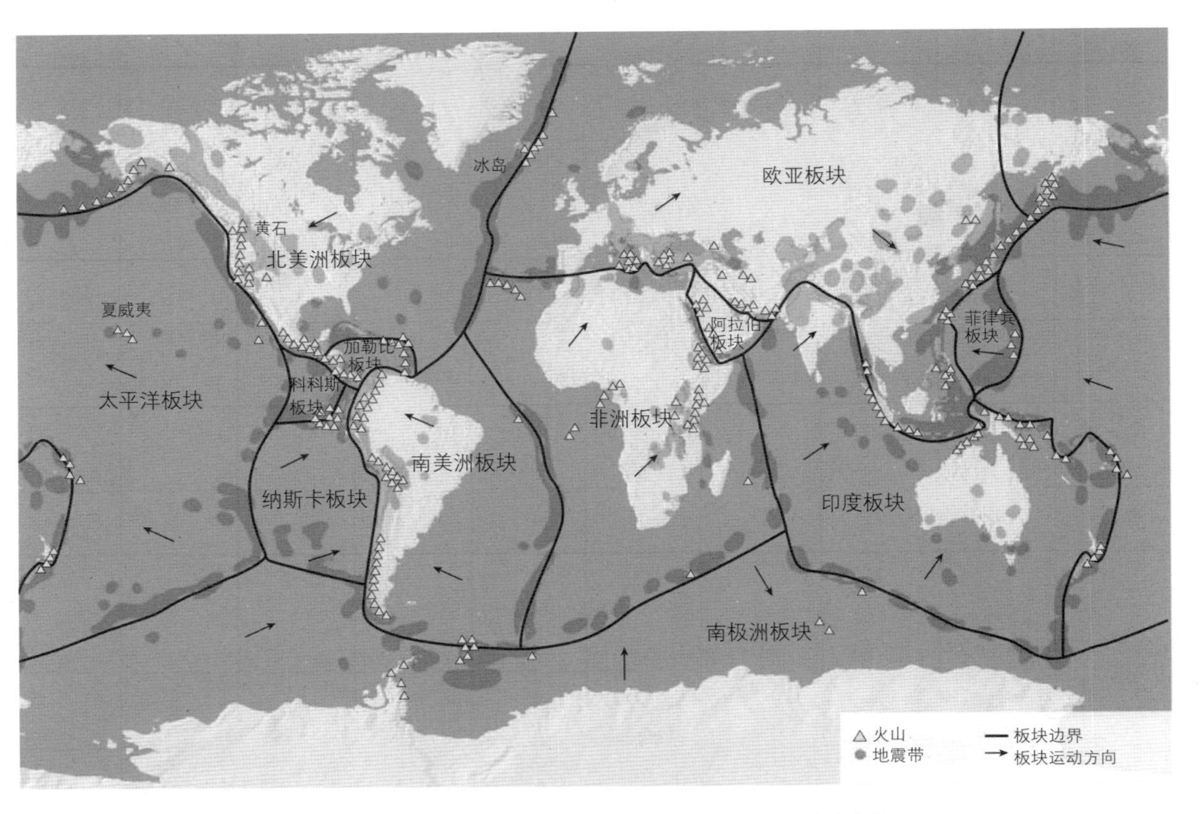

图 4.1 通过研究火山和地震带有助于确定地球构造板块的边界

预测板块的运动

1967 年，当嬉皮士们聚集在旧金山庆祝反主流文化运动时，一位年轻的地质学家正在加利福尼亚南部研究一个将推动地球科学产生革命性影响的想法。丹·麦肯齐花了一个“爱之盛夏”来研究板块构造背后的数学规律。

丹·麦肯齐就职于剑桥大学，他突然意识到：板块是刚性的。这看起来似乎没什么，但如果将板块视为刚性的，就有可能将其视为几何图形，就像把石砖铺在球体上一样。他和他的同事鲍勃·帕克发现，两个板块之间的相对运动可以被看作围绕一个固定点的旋转——这个想法可以追溯到 18 世纪瑞士数学家莱昂哈德·欧拉。

这使他们能够计算北太平洋板块的相对运动。他们发现它与该地区的地震活动完全吻合，表明他们的计算是正确的，这种运动不仅存在，而且它还可能是地震的原因。

这是拼图的最后一块。突然，他们不仅可以看到板块移动，而且可以看到每个板块相对于其他板块的移动。地球的整个表面都被刚性板块所覆盖，它们之间相互拥挤，并仍在运动。麦肯齐和帕克知道他们获得了重大发现。

事实上，他们不是仅有的两个人。普林斯顿大学的杰森·摩根与麦肯齐并不认识，但他得出了完全相同的结论，并且早在 1967 年就发表过关于这个话题的演讲。摩根甚至可以确定三种类型的板块边界：大洋中脊，新地壳在这里形成；海沟，地壳在这里消失；断层，地壳在这里不生不灭。

历史学家将这一理论归功于麦肯齐和摩根二人，他们现在是哈佛大学的访问学者。但麦肯齐说，摩根拥有优先权。“摩根在我还没想好之前就已经谈过这个理论了。”他说。

所有的活动都发生在那里

每个板块都是刚性的，只在边缘变形。在这些边界上，板块相互分离、汇聚或平移，但板块中间的变化很小。事实上，地球上一些最具活力的特征，如地震和火山，确定了板块的边界。

在大洋中脊，板块随着新的海洋地壳的形成而分离。它们就像传送带，总是把山脊推向海岸。大洋中脊本身就像是连续不断延伸的火山。沿着大洋中脊，深度小于50千米的浅层地震是比较常见的。

两个板块相互交界的区域容易发生浅层地震，有时震级很高。加利福尼亚的圣安德烈亚斯断层就是一个很好的例子，在那里，北美洲板块向南移动，而太平洋板块向北移动。

最令人吃惊的事件发生在两个板块交会的地方——指的是正面碰撞。在这里，岩层发生褶皱，山峦起伏不平。幽深的海沟也在这里形成，其中一个板块——几乎完全是密度更大的海洋地壳——向下俯冲，进入软流圈。因此，形成于大洋中脊的海洋地壳重新回炉，保存时间达到4亿年的海洋地壳就已经十分罕见（见第5章）。

当洋壳开始下降到更热的地幔时，它的温度相对较低，在移动并发生弯曲的过程中，它会形成一系列剧烈的变形，并可能在700千米深处发生地震。这些地震一直持续，直到下降的板块升温到足以流动而不再发生破裂为止。

并不是所有潜入俯冲带的物质都会一路下降。大陆的边缘就像一个平面的刀刃，能够从下降的海洋板块顶部刮去大量的沉积物。其中一些沉积物堆积成岛屿：日本的部分地区就是这样形成的。

沉淀物下降是板块对温度升高做出的第一反应。水和二氧化碳等挥发性成分上升到地幔中，在那里，它们改变了地幔的成分，使其熔融。由此产生的岩浆向上移动,最终可能从火山口喷发出来。日本的火山就是这种机制的结果。

揭秘火山

在地幔熔融的下降板块上方，俯冲带火山形成一条平行于板块边界的线。环绕太平洋“火环”的火山，大多是由大洋或大陆地壳下的俯冲形成的。海洋中的俯冲产生了火山岛链，称为岛弧。阿留申群岛是从阿拉斯加半岛向南延伸的一系列岛屿，是岛弧的典型例子（见图 4.2）。

火山通常聚集在板块边界，但也有例外，比如海洋中部孤立的火山岛链。夏威夷只是一系列越来越古老的火山岛中的一个，这些火山岛横跨太平洋向西北延伸。这条火山链继续延伸，形成了一系列更古老的火山，它们现在都在水

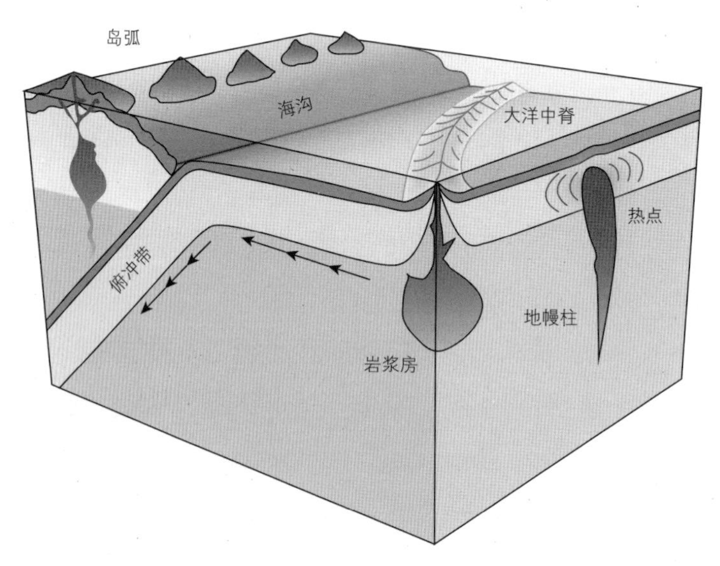

图 4.2　海洋地壳形成于大洋中脊，在俯冲带被破坏。如果它被拉到另一块海洋地壳下面，结果就会形成一个由火山岛组成的岛弧

下，即天皇海山群。

这些火山被认为是板块在地幔深处升起的热岩浆柱上方移动时产生的。想象一张纸在蜡烛上滑动：火山就相当于纸上被烤焦的痕迹（见第5章）。这些岛链提供了关于移动板块速度和方向的重要线索。大陆下面的热点也会产生孤立的火山。

不同的火山以不同的方式喷发。有些火山，比如西西里岛的埃特纳火山，大部分喷出物是烟和蒸汽，偶尔会喷发熔岩流和碎石。夏威夷的火山经常产生熔岩湖，而冰岛的火山会喷火，火柱可高达数十米。

爆炸性喷发将固态和熔融的岩石化为灰烬（微小的岩石碎片和玻璃碴），有时为粗糙的碎屑物（包括碎石和浮石）——统称为火山碎屑。大爆炸的发生有多种原因。水渗入炽热的岩石是一个原因：水蒸发迅速，增加压力，直到围岩爆炸。其他气体也有这种可能。它们很容易溶解在地下深处的熔岩中，那里的压力很大。当岩浆上升到地表时，压力下降，其中溶解的气体开始形成气泡，就像当你打开一瓶汽水瓶盖时出现的气泡一样。

当上升的岩浆具有很高的黏度时，往往会发生相当剧烈的大爆炸。黏稠的岩浆会将冒出的气体收集起来，直到它积聚到非常高的压力，最终将熔化的岩石炸成碎片。富含硅酸盐的岩石是罪魁祸首。二氧化硅矿物结合形成分子链和薄片，当岩石被加热时，这种结合只会使熔体变得更加黏稠。一般来说，俯冲带的火山产生硅含量较高的黏性熔岩，并倾向于爆炸性喷发，喷出大量火山灰。相比之下，大洋中脊或热点的火山倾向于产生流动性较强的玄武岩质熔岩——硅含量较低——例如冰岛和夏威夷的火山。在这些流淌的炽热岩浆中，气泡上升到表面，或在岩石凝固时封存在岩石中。

我们能预测火山爆发吗?

我们预测火山何时爆发的能力越来越强。我们在破译预警信号能力上的突破帮助我们实施了一系列成功的撤离。例如，在 1991 年 6 月菲律宾皮纳图博火山剧烈喷发前 3 个月，科学家在它的两侧发现了震动。不久之后，火山开始喷出蒸汽和火山灰。随着火山活动的加剧，政府下令疏散 6 万人，挽救了数千人的生命。相似的是，2017 年 11 月，印度尼西亚巴厘岛阿贡火山的地震和火山灰云迫使 4 万人疏散。

虽然并非所有火山都发出了明确的信号，但现在即使是最细微的迹象也可以用来预测火山爆发。用灵敏的倾斜仪和 GPS（全球定位系统）传感器测量火山的膨胀变得更加容易。海洋声波的细微变化曾被成功用来预测印度洋留尼汪岛富尔奈斯火山于 2006 年 7 月和 2007 年 4 月的爆发。科学家在监测海水拍击海底所产生的低频地震波时注意到，当火山即将爆发时，声波穿过岩浆时会减慢。基于此次观察，当地居民在几天之前就接到了警报，然后及时疏散。

留意天气变化也有助于预警。巴甫洛夫火山是阿拉斯加半岛的一座活火山，在秋冬季节最为活跃。有一种解释是，此时的风暴会导致火山周围的水位上升，把岩浆挤得像管子里的牙膏一样。

当地面震动时

我们对地震的认识可以追溯到人类诞生之初，但在人类历史的大部分时间里，我们还不了解它们的成因。直到 20 世纪，科学家才能够回答这个问题：地震到底是什么?

在古代世界，包括地中海和中东地区，地震频繁发生，这已经成为早期文明文化结构的一部分。在早期文化中，将地球物理不稳定性归因于怪力乱神的幻想是一个反复出现的主题。在最近的历史中，人们开始寻找物理解释。例如，以亚里士多德为代表的古希腊人和以老普林尼为代表的古罗马人认为地震是由地下风引起的。

最早对地震展开的科学研究可以追溯到 18 世纪。1750 年英国发生了 5 次不寻常的强震，随后 1755 年葡萄牙发生了里斯本大地震。早期调查包括对过去的地震进行分类，试图了解地震期间产生的能量波。这些波从震源辐射出来，导致地面隆起。直到 19 世纪末，地震始终是科学研究的焦点。

1891 年的浓尾大地震（日本有史以来最强烈的内陆地震）和 1906 年的旧金山地震之后，人们的注意力转移到了引发这些事件的机制上。地球物理学家哈里・菲尔丁・里德利用 1906 年地震前后的三角测量数据（早期全球定位系统的前身），提出了地震科学的基本原理之一——弹性回跳理论。该理论解释了沿断层线储存的应力突然释放是如何形成地震的（见图 4.3）。

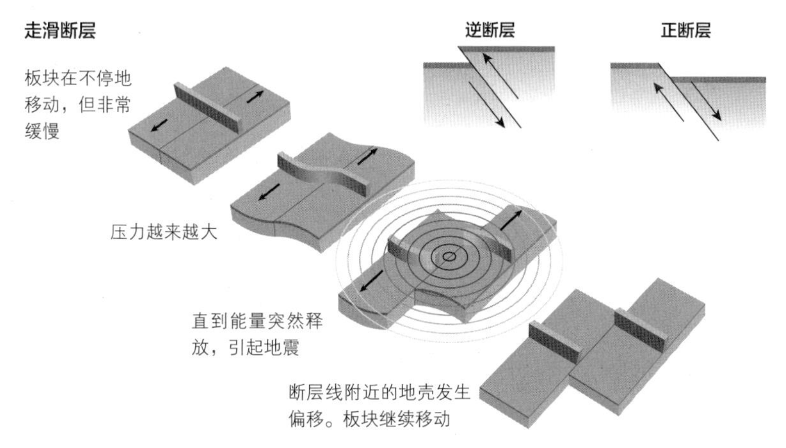

图 4.3　弹性回跳理论解释了由于板块运动而在断层处如何产生了地震

又过了半个世纪，20 世纪中期的板块构造学说才解释了这个更基本的问题：究竟是什么力量驱动了地震?

我们现在知道，大多数地震都是由地球活动板块边界上的压力累积引起的，在那里，构造板块彼此汇聚或滑动。

关于地震的其他原因也已被确定，如冰期后的反弹，随着大冰原的退却，地壳恢复至数万年前的非凹陷状态。然而，由于板块构造作用，这些过程只占地震释放总能量的一小部分。

确定地震规模

到了 20 世纪初，地质学家知道有些地震在地球表面产生了可见的裂痕，这在某种程度上说明了它们的力量。但由于大多数断层都在地下，所以我们需要其他方法来测量对比地震大小。

最早的衡量标准称为烈度，通常用罗马数字来表示给定位置的地震严重程度。烈度至今仍在使用：依据很多地震的记录然后经过适当校准的强度值有助于我们研究历史上的地震及其在人口稠密地区的影响。例如，2011 年弗吉尼亚州发生地震后，超过 14 万人参与了美国地质调查局在网络上开展的关于“你感觉到了吗？”的调查。

为了直接测量地震的大小，人们需要记录和解剖地震产生的波。如今，这项工作是由采用数字记录的地震仪完成的。第一个能够准确记录小规模局部地震的小型仪器叫作伍德 - 安德森地震仪。当地面震动时，一团悬浮在拉紧的绳子上的物质会旋转，将光引导到感光胶片上。由光“绘制”的图像反映了地震波的严重程度。

在 20 世纪 30 年代早期，查尔斯 · 弗朗西斯 · 里克特利用这些地震仪开发了第一个度量标度，借用了天文学中的“magnitude（用于描述天体明亮程度）”一词。里氏震级是对数值，每增加一个震级，对应能量释放增加 30 倍。因此，7 级地震释放的能量几乎是 5 级地震的 1000 倍。

震级值是相对的：没有附加任何物理单位。里克特调整了震级，使 0 级（M0）是他估计在普通条件下可以由地面地震仪记录的最小地震。负震级的地震也是可能存在的，但不太可能被记录下来。震级是开放的，但里克特设置了一个 10 级的上限。他还修正了一些地震的震级，使加利福尼亚州和内华达州记录的最大地震在 7 级左右，并推测 1906 年旧金山地震可能在 8 级左右（自那时以来，记录的最大地震是 1960 年智利的瓦尔迪维亚地震，估计震级为 9.5 级）。

此后的研究将地震释放的能量与震级联系起来。20 世纪 60 年代，日本学者安艺敬一引入了一个完全不同的量：地震矩。这提供了地震总体规模的完整描述，是科学分析中常用的一种手段，引入了所谓的矩震级标度，将地震矩转换为等效的里氏震级。这个数字是媒体经常报道的。严格地说，这个报道的数值不在里氏震级上，因为它的计算和里氏公式不同，但仍然遵循里氏方法，矩震级值没有物理单位，对于比较地震很有用。

摇摇晃晃

为了评估地震危险性，对地震动的研究可谓“养兵千日，用兵一时”。如果我们了解这些变化，我们就可以设计建筑结构和基础设施来抵御它。地震的严重程度基本上由三个因素控制：地震震级、地震波在地壳中传播时能量的衰减，以及由于当地地质构造引起的震动的改变。

大地震通常会产生更强烈的震动，但并非所有给定震级的地震都产生相同的震动。震动的强度在很大程度上取决于地震的深度、断层的走向、断层是否到达地表、地震破裂的速度比平均速度快或慢等因素。

在不同的地区，地震波的衰减有很大的差异。在地壳相对较热且高度破碎的地方，比如加利福尼亚或土耳其，地震波会迅速消散或减弱。1906 年旧金山地震后，地质学家吉尔伯特观察到："在距离断层 32 千米的地方，只有一个烟囱被掀翻了。并不是所有熟睡的人都被吵醒。"在远离活动板块边界的地区，如印度半岛或美国中部和东部，地震波传播的效率要高得多。1811—1812 年围绕着新马德里（位于密苏里州）地震序列的 3 次主要冲击波造成大量烟囱倒塌，大约 400 千米外肯塔基州路易斯维尔市大多数正在梦乡中的人都被吵醒了（见第 5 章）。2011 年，在 1500 多千米外的威斯康星州和明尼苏达州，人们感受到了弗吉尼亚 5.8 级地震。

当地的地质结构如软沉积物层可以放大地震波的振幅。例如，1985 年墨西哥西海岸的里氏 8 级地震在墨西哥城湖底沉积物中产生了共振。而在太子港，2010 年海地地震中一些最严重的破坏与丘陵和山脊等小比例尺地形要素的放大作用有关。

对整个地区的描述和不同地点的反应仍然是地震动研究的主要目标，部分原因是这将有助于绘制出整个城市区域的危险变化，即所谓的地震小区划。这提供了一个机会，以确定城市地区是否越来越危险，这可以指导土地利用规划和适当的建筑规范。

海啸！

海底地震会产生潜在的破坏性极大的海啸：断层破裂会导致海底移动，从而引发海啸巨浪。

地震引发海底沉积物崩塌时也会产生海啸，虽然这些波的大小一般比较适中。

海啸巨浪在海洋中向四面八方传播，在开阔的海洋中传播的速度和喷气式飞机差不多。它们在海上有很长的波长和很低的振幅，但是随着波浪能量汇集到海岸上，它们会上升到极高的高度。

相互关联的地震

地震常常相互关联，一次地震可以引发另一次地震，但是究竟什么在驱动它们以及它们之间的联系方式如何，人们有着普遍的误解。

人们一直错误地认为，大地震与整个板块的突然晃动有关。如果太平洋板块的一角移动，板块的其他部分也会跟着移动，不是吗？这个想法可能很直观，但它是错误的。地球的构造板块一直在移动，通常和人类手指的生长速度一样慢。实际上发生的是相邻的板块相互嵌合，导致地壳发生弯曲，并汇集能量，但只是集中在边界上的一个狭长地带。所以当地震发生时，与板块的其他地方相比，发生弯曲的地方首当其冲。

然而，地震统计数据确实告诉我们，余震的风险是巨大的：平均来说，最大的余震将比主震小一个震级。余震聚集在断层破碎带周围，但也可能发生在邻近的断层上。正如新西兰克赖斯特彻奇市的市民在2011年了解到的那样，一场6.1级余震的后果远比7级主震严重，因为余震发生在离人口密集区更近的地方。

除了余震的危害外，经常出现一次大地震可能在附近引发另一次大地震的情况，一般在几十千米以内，时间从几分钟到几十年不等。例如，1992年4月23日加利福尼亚州南部约书亚树村的6.1级地震之后，1992年6月28日在其北部约35千米的兰德斯发生了7.3级地震。这种触发被理解为岩石运动引起的应力变化的结果。基本上，一条断层上的运动会机械地推动相邻的断层，可以把它们推到边缘。

另一种机制现在被认为是引起触发的原因：地震波引起的应力变化。远程触发通常发生在——但不限于——活跃的火山和地热区，那里的地下岩浆流体系统可能被地震波破坏。

绝大多数情况下，远程触发的地震规模很小。地震科学的进步以及数百年的经验告诉我们，地震的爆发不会导致世界末日降临。然而，近几十年来，科学家们已经认识到，断层和地震之间的相互联系方式比经典的前震-主震-余震分类法所表明的方式更加多样和有趣。

我们是否掌握了地震预测？

当地震学家被问到地震能否被预测时，他们往往会很快回答“不”。有时甚至连地质学家都会忘记，地震是能够预测的。我们知道它们可能发生在世界的什么地方。对于这些地区中的大多数地区，我们对预期中长期地震的发生概率有很好的预估。虽然我们不能说下一次大地震会在人的一生中发生，但我们可以说在建筑物的寿命期限中可能会经历一次。

我们知道最大的地震发生在俯冲带上，沿着平均几十米的断层滑动，破裂长度超过 1000 千米。但任何活动板块边界都是随时可能发生大地震的场所。例如，在 2010 年海地地震发生的前两年，地球物理学家埃里克·卡莱斯和他的同事公布了该地区的 GPS 数据结果，指出“如果上次大地震之后积聚的全部弹性应变在一次事件中释放，恩里基约断层就有可能发生 7.2 级地震”。虽然这个确切的情景在 2010 年还没有上演，但距离它并不遥远。我们可以肯定地说，生活在板块边界上的人们将永远面临危险。

加利福尼亚州未来的大地震可以被预测。詹姆斯·李克蒙珀和他的同事估计，在旧金山湾区东部的海沃德断层上积聚了足够的应变，足以产生 7 级地震。平均每 150 年会发生一次这样大的地震。最近的一次是在 1868 年。知道这些信息不可避免地增加了当地的焦虑，但是地震发生的时间不规律：如果平均重复时间是 150 年，它可以在 80~220 年之间变化。因此，我们面临着同样的不确定性：一次“迟到”的地震可能再过 50 年也不会发生，也可能明天发生。在地质时间尺度上，早晚没有太大区别。但在人类的时间尺度上，早一天，或者晚一天，差别可就大了。

地球科学家在预测破坏性地震的预期平均发生率方面取得了长足的进步。但更具挑战性的问题依然存在，那就是为防患于未然而争取政治方面的支持和资源。

为什么预测如此困难

在 20 世纪 70 年代和 80 年代，媒体引用科学家的观点，他们对地震短期可靠预测的前景表示乐观。苏联取得了可喜的成果，而且中国对 1975 年海城地震做出了明显成功的预测，推动了这一进程。此后，这种乐观情绪逐渐被不同程度的悲观情绪所取代。为什么地震这么难预测？

科学家已经探索出了许多可能的地震前兆：小地震模式、电磁信号、氡释放和水文地球化学变化。其中很多前兆似乎很有希望，但没有一个能禁得起严格的检验。

2009 年 3 月，意大利实验室技术人员詹保罗·朱利亚尼公开预测，意大利中部阿布鲁佐地区将发生大地震。他的证据是什么呢？观测到的氡异常。

但是他的预测遭到当地地震学家的谴责。4 月 6 日，拉奎拉发生了 6.3 级地震，造成 308 人死亡。

这涉及前兆可靠性的问题。有可能是因为一系列的小地震或者是在大地震之前的前震释放了氡，也有可能仅仅是巧合而已。20 世纪 70 年代，科学家们将氡气作为一种前兆进行了研究，但很快就发现它相当不可靠，偶尔出现的氡气异常波动可能与即将发生的地震有关，但通常情况下并非如此。而且，遭受大地震袭击的地区也没有出现氡气异常现象。其他还有很多可能的前兆也是同样的情况。

这并不是说地震学家忽略了对前兆的研究，相反，他们正在用越来越复杂的方法和数据来检验前兆。然而，预测研究的一个共同问题是真正前兆检验的困难。为了开发一种基于特定前兆的预测方法，研究人员将过去的地震与现有数据记录进行了比较。例如，人们可能会发现某一地区在最近发生过的 10 次大地震之前的小地震的明显模式。这种回顾性分析受到微妙的数据选择偏差的困扰。也就是说，在已知大地震发生时间的情况下，人们常常可以回首过去，找出明显有意义的信号或模式。

这一效果可以通过动物能够感知即将到来的地震这一经久不衰的神话来说明。动物可能会对人类错过的微弱初始震动做出反应，但任何一位宠物主人都知道，动物的行为总是非同寻常的——而且很快就会被遗忘。人们只是事后才认为有意义。

目前，大多数地震学家都对地震的可预测性持悲观态度。但这还没有定论。地震学中一个悬而未决的大问题是：地球内部发生了什么而引发地震？这或许涉及某种缓慢的成核过程，因此有可能存在地震前兆。对于这一点，以及所有的地震预测研究，所面临的挑战是，如何才能不再局限于研究过去的历史和捕风捉影的逸事，转而进入统计严谨的科学领域。

5

转变观念

板块构造理论是如今被普遍接受的观点，但它并不是十分理想。该理论在解释远离板块边界的地震时显得无能为力，而且它也没有深入研究那些发生在地球深处却能影响地表的事件。仅仅依靠目前掌握的知识，我们很难预测我们大陆未来究竟如何移动。幸运的是，已经有很多新的观点来解决这些问题。

在“错误”的地方发生地震

200 多年前，具体时间是在 1811 年 12 月 16 日至 1812 年 2 月 7 日，密西西比河河湾发生了一连串四次大地震。这里是一个低洼、充满泥沙的盆地，从墨西哥湾向北延伸到伊利诺伊州的开罗市。地震以现在密苏里州的新马德里镇为中心，震级约为 7 级，可能达到 8 级。最后一次地震致使密西西比河出现河水倒流、河岸喷沙现象，水流汇集形成了里尔富特湖——如今它是田纳西州西北部一个很受欢迎的狩猎和渔业保护区。

从表面上看，这是相当出乎意料的。新马德里远离典型的大地震活动区——所谓的板块边界。但在板块中间发生这样的地震并不是个别现象。历史上有记录的造成死亡人数最多的地震，发生在 1556 年中国北方内陆的陕西省，这里并不位于板块边界附近。据当时的一份报告称，大约有 80 万人死于“山崩地裂”。2011 年 8 月 23 日，弗吉尼亚州发生里氏 5.8 级地震，没有造成人员死亡，但这一事件造成美国东海岸上下一片狼藉。印度和澳大利亚内陆地区近几年也发生过类似的地震。

诸如此类的“板内”地震一直是个谜，这些发现让我们静下心来认真思考。可能不仅仅是旧金山和洛杉矶容易受到大地震的影响，纽约、悉尼和伦敦也有可能受到威胁。

旧金山和洛杉矶是典型的地震多发城市。它们坐落在加利福尼亚声名狼藉的圣安德烈亚斯断层附近，北美板块和太平洋板块在这里以每年 33~ 37 毫米的速度相对运动，在地震中释放累积的应力。

现在看来，板块边界将地壳撕裂并使它们重新碰撞在一起的力，也可能在板内地震中起作用：只是全层撕裂从来没有发生过。其结果是一个不稳定的区域，虽然表面通常不明显，但比周围的岩石更容易受到压力。相比之下，应力的积累更缓慢，这就可以解释为什么板块内部发生地震的频率远低于板块边界。

到了 20 世纪 80 年代，人们逐渐搞清楚，新马德里位于一个“衰退裂谷”之上。它被称为里尔富特裂谷，隐伏在美国南部和中西部的地下，近千年来似乎在有规律地发展。支持这一观点的证据来自对“液化沙丘”的分析，这种地质特征表现为：当受到地震的强烈震动时，土壤会失去强度，表现出像液体一样的性质，从地面向上喷出，形成许多小小的泥火山。新马德里周围的平原上散布着很多形成于 200 多年前的液化沙丘，地下还有更多，向我们表明在公元 300 年、900 年和 1450 年该地区发生了大地震。

美国地质调查局表示，在未来 50 年内，新马德里地区发生 6 级或更大震级地震的可能性为 25%～40%，而且有 7%～10% 的概率会出现堪比 200 多年前的大地震。那时候，该地区几乎没有定居者，但是如果今天再发生这样的大地震将会对人口密集区造成严重破坏。新马德里可能不是唯一一个面临风险的地区。科学家对密西西比河下方沉积物变形的研究，揭示了在孟菲斯以北存在一条长约 45 千米的断层，它似乎是里尔富特裂谷系统的一部分。2009 年，研究人员在阿肯色州发现了长约 10 千米的玛丽安娜断层。这些潜在的地震影响范围似乎比我们今天所看到的活动断层要大得多。

或许现在不用过于担心。如果该地区的断层仍处于紧张状态，它们应该像圣安德烈亚斯断层一样移动。然而，20 年来的全球定位系统对新马德里周围地震带的研究表明，它们并非如此。2009 年，开展这些研究的伊利诺伊州埃文斯顿市西北大学的塞思 · 斯坦和他的同事埃里克 · 卡莱提出，新马德里现在正处于地震的深度休眠期，人们不用担心它在数百年甚至数千年内从中醒来。

移动的地震

这促使斯坦提出了一个有争议的主张。他不认为板内地震类似于板间地震，发生的频率较低而且也常出现在可预测的地方。相反，他将板内地震描述为不定期的、聚集的和移动的：地震能量可以在一个小断层网络中跳跃，这些小断层蜿蜒穿过一个构造板块的中间。在美国中西部下面，他估计随着时间的推移，新马德里的运动将被转移到印第安纳州的地震带，并将进一步向南进入阿肯色州。

哥伦比亚密苏里大学刘勉的研究支持这种观点。刘勉分析了中国北方2000多年来板内地震的发生情况，指出中国板内地震的震中是随机跳跃的。剧烈震荡的区域会变得平静，而以前平静的区域突然变得活跃。对他来说，地震似乎是“空间上的迁移，从一个断层跨越很长的距离到另一个断层”。板块中间的断层似乎是存在着力学耦合关系，因此一个板块的地震改变了另一个板块对未来运动的敏感性。

如果是这样的话，这种观点可能会在很大程度上影响我们对板内地震的理解。以2011年的弗吉尼亚地震为例，它的震中位于弗吉尼亚中部地震带，在过去120年里经历了多次3级左右的地震，但研究人员并不认为有可能发生更大的地震。如果斯坦和刘勉的想法是正确的，那么罪魁祸首可能是地震能量从其他地方流入该地区。例如，附近的西魁北克地震带延伸至纽约州北部边界，1944年曾发生5.6级地震。东田纳西地震带从亚拉巴马州东北部延伸至弗吉尼亚州西南部，也非常活跃。近几十年来，那里发生了两次4.6级地震。

这给我们敲响了警钟。类似于弗吉尼亚和新马德里的地震可能发生在任何地方，包括波士顿、芝加哥、纽约和其他主要城市。1580年，英格兰东南

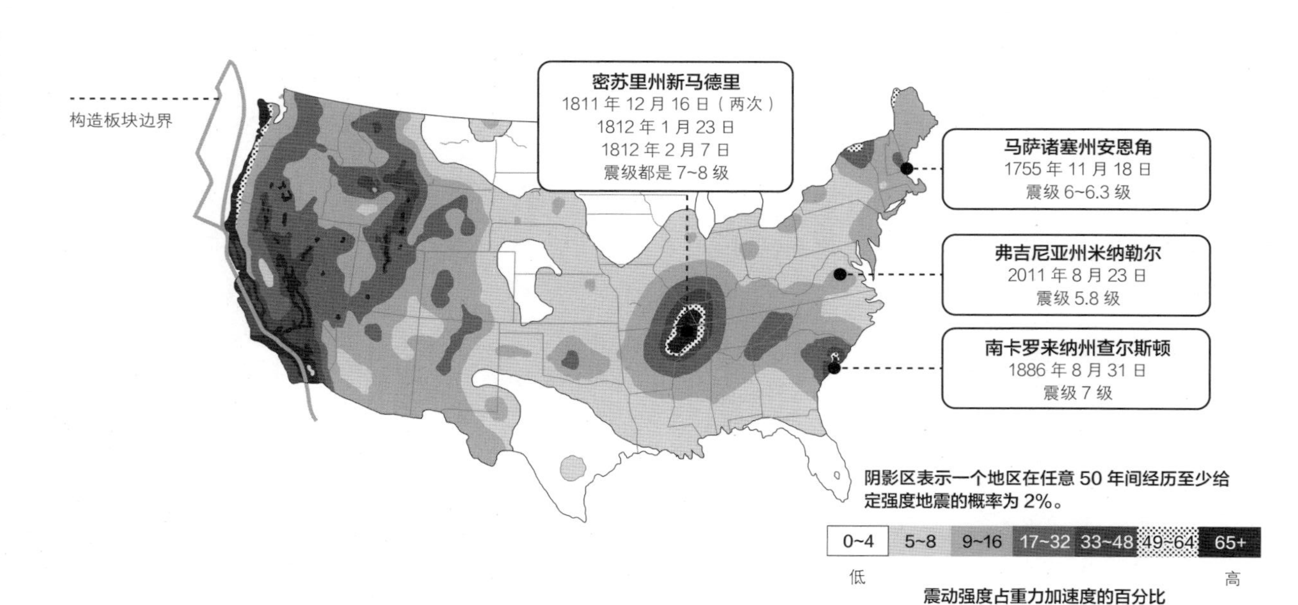

图 5.1　根据历史数据绘制的美国大陆地震风险图显示，远离板块边界的地方仍然可能发生地震

部多佛尔海峡发生 5.7 级地震，导致 150 千米外的伦敦威斯敏斯特大教堂的塔尖倒塌。2007 年同一地区又发生了 4.3 级地震。我们不应夸大风险：西方城市的大多数现代化建筑能够承受 5 级或 6 级地震。特别是摩天大楼有足够的“摇摆”来抵消其影响，但历史古迹和那些用不含钢筋的砖制成的老建筑可能很脆弱。关键的基础设施，如电力和电信网络、水和燃料管道也可能面临危险。

地震学家们迫切希望找到板内地震活动的某种规律。在美国，几乎平均每三个州就有一条衰退裂谷。为什么有些地方像里尔富特裂谷一样成为地震活跃地带，而有些并非如此，这依然是未解之谜。如果没有一个明确的模式来解释板内地震，我们就不得不认为，它们在任何地方、任何时间都有可能发生。

地幔柱的力量

不仅仅是地震出现在“错误的地方”，火山也有同样的现象。美国地球物理学家贾森·摩根是板块构造学的先驱（见第 4 章），但在 20 世纪 70 年代，他也是首先发现该理论对夏威夷群岛火山作用这一典型地表特征的解释有误的人之一。

这些岛屿距离它们所在的太平洋板块边缘数千千米。根据板块构造理论，所有的重要作用都发生在板块边界上。因此，板块构造对这些岛屿的解释是：它们的火山活动是由板块中的薄弱点引起的，这个薄弱点使得较热的物质被动地从地幔中富集起来。但是，摩根重新想到了加拿大地球物理学家约翰·图佐·威尔逊早先的一个想法，后者认为一股热地幔物质正从下面数千千米深的地方向上推动，并冲向地表。

这与公认的理论背道而驰，直到 20 世纪 80 年代中期，其他人才开始认为摩根的观点可能有道理。当地震释放出的地震波开始揭示我们地下世界的一些结构时，情况出现了好转。

地震图像是粗糙和模糊的，但似乎揭示了一个复杂的动态地幔。最引人注目的是，连续的测量揭示了位于地幔底部靠近地幔与外核边界的两个巨大区域，这两个区域是由非常热、致密的物质组成的，被称为热化学异常体。一个在南太平洋下面，另一个在非洲下面，每个都有数千千米宽，似乎都有一股更热的物质向表面上升。

超级地幔柱可以解释为什么南太平洋中部的洋底比周围海底地形高约1000 米，但有些情况用板块构造理论很难解释。比如，非洲超级地幔柱，它形成了从刚果南部一直延伸到南非南部的地区，包括马达加斯加。地震成像揭示了冰岛和夏威夷下方向岩石圈的延伸存在较小的类似幔柱的特征，或许解释了这些岛屿的存在和它们的火山作用。

与此同时，在阿根廷海岸附近，海底俯冲了近 1000 米，直接位于地幔区域之上，地震成像识别为温度相对较低的下降流。与之类似，刚果盆地位于温度较低的区域之上，高度比周围地区低数百米。几乎在我们所看到的任何地方，都有证据表明地球内部的垂直运动正在重塑其表面。

深部活动

不太清楚的是，哪些机制在起作用。标准的板块构造理论认为，在次级造山带向下俯冲的物质在浅层地幔中被回收，在两个板块分离的边界附近或更远的地方通过火山活动重新出现。然而，地震仪显示了俯冲板块在不同阶段从地球内部下降到下地幔的剖面（见图 5.2）。

挪威奥斯陆大学伯恩哈德·斯坦伯格和他的同事通过模拟展示了一块俯

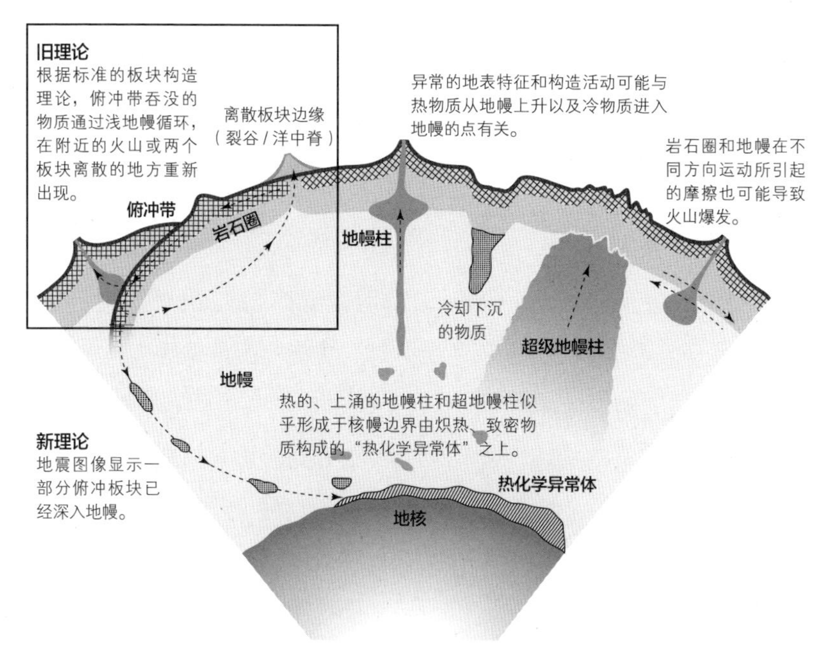

图 5.2　地震图像表明，深部地球的活动对地表特征有重要影响

冲的板块，一旦它到达地幔和地核的边界，它就可以沿着该层铲平一切。当这种物质遇到热化学异常体时，地幔柱开始在上面形成，斯坦伯格的模型显示地幔柱在或多或少的正确位置发展。例如，他们的模型显示，阿拉斯加附近的阿留申群岛下面被俯冲的板块可能引发夏威夷下方的一个热柱，形成一个热点，为夏威夷火山提供燃料。

夏威夷大学马诺阿分校的克林特·康拉德和他的同事模拟了当地幔反向移动时对板块移动的影响。他们发现，在某些情况下，由此产生的剪切效应会导致地幔物质熔融和上升。

这个模型准确地预测出海底火山应该出现在东太平洋海隆的西部，而不是东部。东太平洋海隆是一个大致平行于南美洲西海岸的洋中脊。地震测量表明，西部的地幔和板块正朝相反的方向运动，东部则不是。该模型还预测，在美国西部、南欧、东澳大利亚和南极洲所有远离板块边界的火山活动区域，剪切效应最大。

不只是板块构造

如果今天的深部地球动力学能够改变地表地形，那么过去也一定是如此。但正如我们所看到的，破译遥远过去的地球历史确实困难重重。

2011 年，英国剑桥大学的地质学家尼基·怀特和他的同事在苏格兰西海岸发现了历史的一小部分线索。他们引爆了爆炸震源，并记录了反射波，以了解海底的情况。他们看到埋藏在最近几层岩石和沉积物之下的是大约 5500 万年前的化石，而且到处都是山丘、山谷和河流网络。

通过分析这些河流是如何随着时间的推移而改变的，研究小组认为，该地区曾经被推离海平面之上近 1000 米，然后再次被掩埋，所有这些都发生在 100 万年的时间内。对于板块构造来说，这太快了，以至于不能把山脉掀起来，让侵蚀再次侵蚀它。相反，怀特指出了一团热地幔物质是从地幔柱径向向外运动的，它可能是冰岛附近火山的燃料。

其他研究人员也发现了白垩纪时期澳大利亚东部类似的陡峭的垂直运动。同样，简单的板块构造在短时间内的作用大打折扣，而对流的地幔看起来更像是“主谋”。

即使是地球构造历史的标志性事件也可能不是它们看起来的全部。喜马拉雅山脉形成于 3500 万年前，当时印度板块加速向北并撞向欧亚板块。但板块构造理论难以解释为何印度以每年高达 18 厘米的速度朝着目标前进。如今，板块的速度仅为每年 8 厘米左右。一个有争议的解释是，它的突然运动是由雨后春笋般出现的地幔柱的顶部推动的。

同样，美国中西部远离任何板块边界的异常和周期性毁灭性地震也可以用古老的法拉龙板块的运动来解释，该板块自白垩纪时期沿着北美西海岸滑入地幔。到了19世纪初，该板块已经潜入得足够深，引起密西西比河流域中部下沉，使上覆岩石圈发生变形，从而引发以新马德里为中心的一系列地震。

并不是所有人都相信地幔柱的作用。这个观点最大的漏洞是，虽然地震波在地幔浅层的假设热点下传播速度较慢，但这些速度异常并没有一直延伸到地幔底部，那里是地幔柱的形成区。热衷于深入解释地球表面活动的人认为，只需要时间和更好的地震成像，即可反驳这些反对意见。

如果这些狂热者是正确的，那么影响我们星球过去、现在和未来的不仅仅是板块构造。倘若真的如此，地质学将处于另一场革命的风口浪尖，这场革命可能与板块构造学说同样重要。

下一个超级大陆

板块构造驱动着我们的大陆进行缓慢研磨运动。有了我们对其行动的理解，你可能会认为我们可以预测广阔大陆的未来动向。事实上，有一些预言家正是这样做的。问题是，这一群体的成员对大陆的最终位置和原因都有不同的看法。我们无法就未来事物的形状达成一致，这意味着我们仍然缺少板块构造的重要细节。

记录海底岩石中的磁信号以及从古老山脉根部提取的化学痕迹，将告诉我们大陆漂移是如何改变地球面貌的。它们清楚地表明1.8亿年前的一段时间，当时所有今天的大陆都被困在一个巨大的大陆上，这个大陆的中心大约是今天非洲所在的地方：名为联合古陆（盘古大陆）的超级大陆（见第 2 章）。

我们知道，联合古陆在大约 3.3 亿年前聚集在一起。在此之前，一些人认为南极附近大陆相对短暂的聚集是另一个超级大陆，命名为潘诺西亚大陆或大冈瓦纳大陆。更早以前，另一个超级大陆罗迪尼亚可能在 12 亿 ~7 亿年前主宰了地球。大约 20 亿年前，人们认为还有另一个超级大陆。

这意味着未来我们可以期待另一个超级大陆。但是，这片广阔的陆地将如何形成，在哪里形成呢？

新盘古大陆

有一种模拟研究会简单地将今天发生的事情投射到未来。使联合古陆分崩离析的巨大裂痕仍在不断扩大，非洲和欧亚大陆正在远离美洲；大西洋正在扩张，新的岩石在它的洋中脊处涌出，而太平洋正在缩小，被它周围的俯冲带，也就是著名的火环所吞噬。

如果这些运动继续下去，随着美洲和亚洲相对于澳大利亚向北移动，大约在 2.5 亿年内，一个新的超级大陆——新盘古大陆，将在地球原来的联合古陆的对面形成（见图 5.3）。

但它可能不会那么简单。伊利诺伊州埃文斯顿市西北大学的克里斯托弗·斯科舍斯认为，对未来 5000 万年的预测可能会奏效，但要想看到更远的未来，我们需要对仍在努力揭示的板块构造有一个详细的了解。

自 1982 年以来，斯科舍斯一直在使用各种经验法则绘制关于地球过去与未来的地图。最重要的规律被广泛接受：板块构造主要受俯冲带下沉板块的牵引，而来自大洋中脊新岩石形成的推力较小。计算出俯冲带和大洋中脊的布局，你就可以看到大陆是如何被拖拽和推动的。

但是三种灾难性事件可以改变这一平稳航行的进程。俯冲带可以吞没正在扩张的洋脊，就像今天在北美西海岸发生的那样：胡安·德富卡洋脊正在被吞没。或者两个永不沉没的大陆会发生碰撞，吞没中间的俯冲带，迫使大山上升。比如，印度和欧亚大陆构造喜马拉雅山的过程。

第三个可能的大灾难更难理解、更难预测：新俯冲带的建立。这在某种程度上一定会发生，或者现在所有的俯冲带最终都会被大陆碰撞而毁灭，板块构造将完全停止。但有证据表明，板块在地球历史的大部分时间里一直在移动，伴随着许多超级大陆的形成与破坏的周期，新的次级造山带一定会启动。

终极盘古大陆

最有可能发生新俯冲的地点是被动大陆边缘，例如在欧洲的大西洋沿岸、非洲和美国。这些地方是古老的海洋岩石圈，从大洋中脊伸展出来，与大陆地壳相遇。海洋岩石圈自形成以来就有时间冷却，并变得比下面的岩石更致密，所以它想下沉。

但它不能。古老、寒冷的岩石圈岩石很难破裂，即使是从大陆冲刷到被动边缘的数千米深的河流沉积物的重量也不够。渗透到岩石中的水的弱化作用可能有帮助，但可能不足以破坏那些被动大陆边缘。20 世纪 80 年代，斯科舍斯提出，局部应力可使它更容易撕裂，这个秘密一定是打开海洋岩石圈的一个“突破口”。

西大西洋已经有两个小的俯冲带：形成加勒比海东部边界的小安的列斯火山弧，南美洲南端和南极半岛之间的斯科舍岛弧。斯科舍斯认为，它们最终将分别向南、向北扩散，并在美洲东海岸形成一个延伸的俯冲带。在他的预测中，这将吃掉大约 1 亿年后大西洋中部的洋脊，大西洋将再次开始关闭。2.5 亿年后，

⊘非洲　⊛北美洲　●澳大利亚　●南美洲　○ 南极洲　●欧亚大陆　○新陆地

终极盘古大陆

1.5 亿年后

3 亿年后

大约 1 亿年后，沿大西洋西侧的俯冲作用使它开始关闭。北美洲最终与非洲西海岸融合在一起，南美洲发生旋转，最终停留在以现今大西洋为中心的新超级大陆的南部。

阿美西亚大陆

2.5 亿年后

大西洋继续开放，但南部变得更宽。非洲向西移动，澳大利亚向北移动；与此同时，南美洲发生旋转，最终它的西海岸与北美洲东海岸融合。南极洲仍然远离这个零散的新超级大陆。

奥里卡大陆

1.5 亿年后

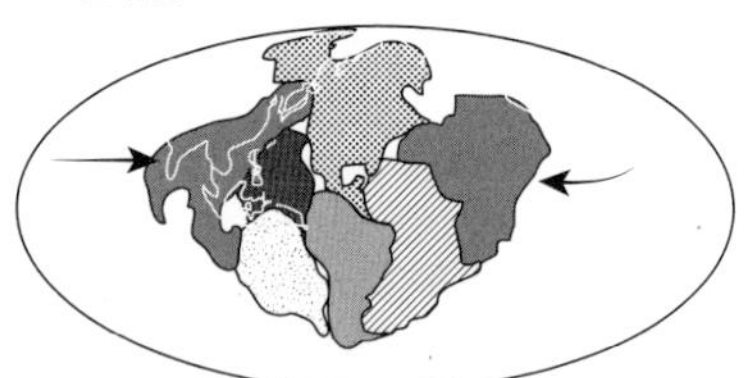

3 亿年后

大西洋两岸都开始俯冲，大西洋和太平洋都在靠近。欧亚大陆分裂，其西半部随着非洲一起向西移动，东半部向东移动。它掠过澳大利亚，以现在太平洋所处的位置为中心，形成一个新的超级大陆。

新盘古大陆

2.5 亿年后

当前的构造运动仍在继续，大西洋扩张，太平洋因俯冲作用而消亡。南美洲向西和向北摆动，掠过南极洲和澳大利亚；非洲连同西欧一起逆时针旋转，现今的南部最终与阿拉伯半岛融合在一起。

图 5.3　科学家已经预测了未来大陆聚集可能存在的至少四种不同的形状

美洲将与已经合并的非洲和欧亚大陆相撞，澳大利亚和大部分南极洲形成斯科舍斯所说的终极盘古大陆。

阿美西亚大陆

2012 年，当时在耶鲁大学工作的罗斯·米歇尔和他的团队绘制了第三条路线。认为与超级大陆形成相关的质量转移影响了地球的旋转，改变了它相对于地球的旋转轴。通过观察早期超级大陆冷却岩石中磁性矿物晶体的磁化方向，研究小组发现，罗迪尼亚大陆形成的纬度距离约 90 度，远离最早超级大陆的位置；而联合古陆则在距离罗迪尼亚约 90 度的地方聚集。米歇尔和他的团队预测同样的事情会再次发生，这意味着下一个超级大陆应该在北极附近的某个地方形成，就像亚洲和北美的移动一样，他们称为阿美西亚大陆。

奥里卡大陆

葡萄牙里斯本大学的地球科学家若昂·杜阿尔特认为所有这些模拟都存在问题。阿美西亚大陆和新盘古大陆都将被 4 亿多岁的大面积海洋地壳所包围，他认为这是不可信的。2008 年，阿拉斯加州安克雷奇市美国地质调查局的德怀特·布拉德利，研究了古老的被动大陆边缘附近的岩石，发现最古老的岩石平均有 1.8 亿年的历史，几乎没有超过 4 亿年的。杜阿尔特认为这不是巧合，但大西洋型海洋板块在大约 2 亿年后就要开始俯冲了。

斯科舍斯的终极盘古大陆没有古老的地壳问题：从理论上来讲，太平洋在持续数亿年的时间里地壳不断新生、破损。但杜阿尔特认为这也是不可能的，因为像胡安·德富卡这样的山脊已经处于俯冲状态。

杜阿尔特同意斯科舍斯的观点，认为俯冲可能像病毒一样传播，他称为入侵。他发现了俯冲开始入侵大西洋东部边缘葡萄牙海岸的证据，地中海古代俯冲产生的力量正在促使洋底形成新的断层。

在杜阿尔特于 2016 年发表的预测中，俯冲将在数千万年内沿大西洋两岸蔓延，海洋将开始关闭。太平洋也将继续关闭，这意味着还有其他东西要有所付出，那就是亚洲。喜马拉雅高原在自身重量的作用下崩塌，从印度洋到北极，一条裂谷横贯整个大陆。一个新的海洋打开了，最终的结果是一个新的超级大陆，外部是亚洲的两个半部分，中间是美国和澳大利亚。

斯科舍斯说，这是一个很好的尝试。但它至少有一个困难：要关闭大西洋，就必须俯冲大西洋中部的洋脊，但如果在海洋的两边都有俯冲，洋脊可以留在中间，向两边供应地壳。

这四种观点的支持者都在努力强调，未来是不确定的，他们自己的模式只是一种选择（当然是最有可能的选择）。无论谁是对的，我们未来的后代都将不可避免地要适应一个形状奇特的世界，并反过来被它所塑造。

6

大气、气候和天气

地心引力使我们的星球处于一层厚度达数百千米的气体笼罩中，在靠近其外部极限时，大气层显示出奇特的磁性和电性特征，但我们的大部分注意力将集中在最低的10千米以内，在这里，空气是可供呼吸的。这薄薄的皮肤是生命的家园，是天气现象出现的地方，在维持地球地质和气候的化学循环中起着重要的作用。

什么造就了大气?

地球的大气层在它的生命周期中发生了巨大的变化。几乎可以肯定的是，任何早期的气体都会被新生太阳的爆发冲走。虽然一些气体可能是从宇宙访客那里到达地球的，但最有可能的大气来源是火山喷发出来的气体。今天，火山喷发物的 64% 是水蒸气，另外还有 10% 的二氧化硫和 1.5% 的氮气。

在这段时间里，这种气体的成分已经改变了。随着年轻地球冷却，水蒸气凝结成海洋，大量的二氧化碳溶解在海洋中，后来形成了巨大的石灰岩基底。在这段时间里，在没有其他地方可去的情况下，惰性氮气慢慢地积累起来了。

氧气呢？ 20 亿年来，大气中几乎没有或根本没有氧气。当早期的生命形式演化出利用水进行光合作用时，这一切都发生了改变。这一事件引发了地球有史以来最大规模的屠杀，极大地改变了大气（见第 8 章）。

到 6 亿年前，大气的组成与现在基本相同：以质量计，75% 为氮气，22% 为氧气，1% 为水蒸气，1.3% 为氩气。二氧化碳、氖气、氦气和其他微量气体（包括臭氧、氪气、氢气和一氧化氮，总含量不足 0.1%）。

自下而上

低层大气由一系列分层组成，其中对流层是离地面最近的一层，而平流层位于其上方。对流层在决定天气和气候模式方面起着关键作用，对生命的直接影响最大。

大气的热量主要来自太阳的电磁辐射（来自热放射性岩石的地热能量很小，通常忽略不计）。太阳的大部分能量集中在光谱的可见部分辐射，波长为 0.4 ~ 0.7 微米。这种辐射穿过大气层时不会被吸收，它使地球表面变暖。

太阳能量的 7% 为紫外线辐射，比可见光的波长短。这种辐射被平流层中的氧和臭氧分子吸收，并直接加热该层。比可见光波长更长的红外线辐射占太阳辐射能量的一小部分，其中一些被大气吸收，但在保持空气温暖方面只起到了很小的作用。

太阳的能量主要是自下而上从地球温暖的表面到达大气层。其中，一部分通过直接从表面传导热量，但主要是通过地球的红外辐射，而红外辐射被低层大气中的水蒸气和二氧化碳等分子吸收。

红外辐射使得空气变暖，反过来，空气本身也以红外波长辐射热量。这些辐射中的一部分会回到地表，使其保持比原来更高的温度，从而产生我们现在所知道的温室效应（见第 10 章）。其余的则通过大气向上运动，不断被吸收和重新辐射，直到逃逸到太空。

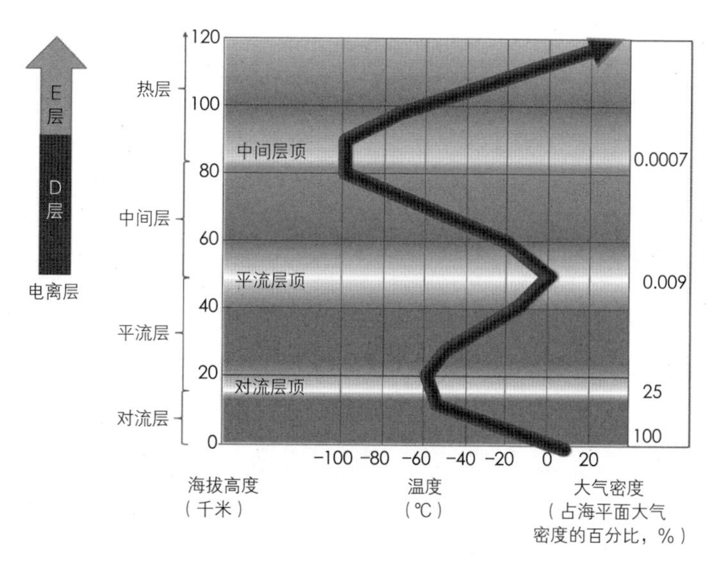

图 6.1　根据温度的变化，把地球的大气层划分成了不同的层

对流层的热量使热空气上升，这是驱动天气变化和大气整体循环的关键过程。但这种暖空气之所以只能上升到一定高度，是因为它被平流层中更暖的空气所抑制。

平流层——与臭氧层几乎同义——是紫外线被吸收的地方。辐射将普通的氧分子（O_2）分开，一些自由的氧原子与其他氧分子反应生成臭氧（O_3）。臭氧本身也吸收紫外线，只是吸收的波长略有不同。这两个过程都从太阳辐射中提取能量，从而使平流层变暖。

平流层可以被认为是对流层的盖子，能够抑制对流，保持天气稳定。地球表面的平均温度约为 15 ℃，如果地球没有空气的覆盖层，也没有温室效应来保暖，温度将会下降 33 ℃。在对流层，温度随着高度的增加而下降，一直到 20 千米处，这就是对流层和平流层的边界：对流层顶。对流层的确切高度随纬度、季节和昼夜而变化。对流层的空气质量约占地球大气层的 75%。

拯救臭氧层（和我们自己）

1985 年 5 月，全世界都意识到一场潜在的全球性灾难。英国南极观测站的乔·法曼和他的同事宣布，在南极大陆最南端的大气层中已经出现了一个巨大的空洞。这个消息引起了轰动，因为这个空洞正在扩大，平流层臭氧是地球抵御有害的紫外线辐射的主要屏障，而紫外线辐射会导致人患上皮肤癌和白内障。更重要的是，人类对此负有责任。这一发现促成了迄今为止世界上最成功的环境条约的诞生。

最贪婪的臭氧消耗者被确定为氯，携带在卤烃化合物中，如氯氟烃和氟利昂。它在工业中被用作溶剂，特别是作为冰箱的制冷气体。一旦在大气中达到一定的浓度，氯就会逸出这些化合物。在平流层中，这些冰冻颗粒物将臭氧分子分解成氧分子。

世界各国政府团结一致，于1987年在《蒙特利尔议定书》的支持下，同意禁止生产氯氟烃和其他消耗臭氧层的化学品。它于1989年生效，并开始扭转局面。卫星测量显示臭氧浓度在20世纪90年代中期趋于稳定，并在21世纪初开始恢复。

预计2065年之前臭氧不会完全恢复，而且可能推迟这一日期的潜在因素不断出现。氢氟烃化合物是氯氟烃的主要替代物，也是温室气体，升温能力大约是二氧化碳的4000倍。因此，2016年，联合国通过了对氢氟碳化物减排的修正案，推动停止氢氟烃的生产和使用。然后，2017年，人们开始关注另一种含量上升的臭氧消耗者——二氯甲烷，而它不在《蒙特利尔议定书》范围内。有学者估算，这种化合物可能将平流层臭氧的完全恢复推后到2095年。

电离层

从20千米到60千米的高度，平流层中的温度逐渐升高，从对流层顶约 −60 ℃到平流层顶达到最大值约 0 ℃。大气质量的99.5%左右位于平流层顶之下。

从50千米到80千米的高空是另一个冷却层，即中间层，占据了现在迅速变薄的大气层，达到高度最高点，即中间层顶，最冷的大气温度约为 −100 ℃。从那里向外，最后一层温度升高，称为热层。在这个区域，来自太阳的紫外线和X射线被直接吸收，而且，原子被电离，因为电子被剥夺，只留下带正电荷的离子。

其中一些电离发生在平流层的顶部，从50千米到400千米的高度都被认为是电离层。它有自己的系列层，每一层都以其不同的电离程度来定义。当古列尔莫·马可尼证明无线电波可以在地球的“犄角旮旯”传播时，人们首先怀疑这个区域存在电离粒子。电磁波沿直线传播，由于电离层能够反射波长超过15米的无线电信号，所以不借助卫星就可以在全球远距离传输信号。

电离层最底层，50千米至90千米称为D层，自由电子浓度很低，只反射长波无线电波。然后是E层，高度上升至150千米。它比D层电离更强烈，反射中波无线电波。然而，它的电离在晚上消失，这就是有些无线电信号在不同时间来来去去的原因。F层，从150千米到400千米，是电离层中离子化最强烈的区域，也是最有用的无线电通信层。

在海拔高度400千米以上，大气十分稀薄，以至于分子、原子和离子之间的碰撞太少，不能被视为一种连续的气体，所以温度的概念不再有意义。在这个区域中，单个粒子可以逃逸到太空中，因此它有时被称为外球面。

电磁屏蔽

在电离层之外，大约500千米以上，磁层是地球大气层最外层的区域，在那里电离非常完全，以至于粒子形成等离子体——一种正电荷离子和负电荷离子组成的混合物，它们受到地球磁场的约束。

磁层形成了地球的绝对极限，即“地球太空船”的外壳（见图6.2），在太阳风的上游，它使带电粒子向外偏转，越过我们的行星。太阳风和地球磁场之间的相互作用在大约14个地球半径的距离产生冲击波，但磁层本身只延伸到大约60000千米的距离。在这个边界之外，磁层顶是行星际空间。

在更近的距离内，两个高离子密度的环形区域集中在赤道上方3000千米和15000千米的高度。这些是辐射带，以20世纪50年代发现它们的美国物理学家詹姆斯·范艾伦命名。

20 世纪 70 年代，新一代卫星拍下了磁鞘的图像——在太阳风中的作用下受扰动的等离子体，如同一条长长的尾巴。在保护地球不受太阳风带电粒子的影响时，磁场将它们偏转到范艾伦辐射带，但有些会溢出到上层大气的极性区域，即极尖区，太阳风中快速移动的电子与大气原子相互作用，产生舞动的极光。

地球气候控制

地球的气候非常稳定，大约 40 亿年来一直保持在适宜居住的范围内，尽管正如我们所看到的，在这个过程中有一些令人担忧的时刻。它保持稳定性的关键似乎在于大气和海洋中的二氧化碳与板块构造的相互作用。

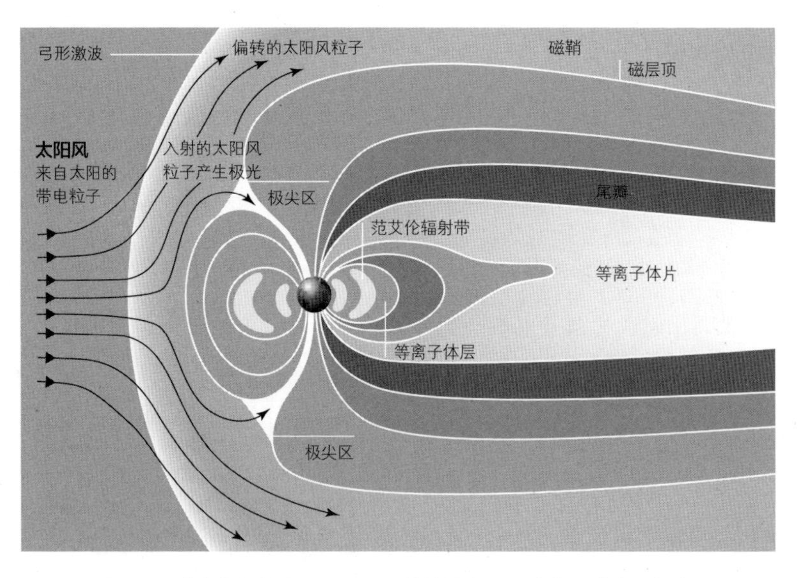

图 6.2　地球的保护层，即磁层，能够使太阳风偏转，并产生极光

这个循环从火山喷发出的二氧化碳进入大气层而开启，它有助于使地球保持温暖。温暖的气候促使海水蒸发，形成云和雨。由于雨水中含有溶解的二氧化碳，所以呈现出弱酸性，在化学风化过程中与地表岩石发生反应，将含碳矿物溶解到水中。形成的混合物随后被冲入大海，矿物慢慢积累并最终沉积下来，在海床上形成新的含碳岩石——沉积岩（见图 6.3）。

板块构造迟早会把这些岩石带入一个俯冲带，在那里，由于地幔热量的烘烤，二氧化碳溢出然后通过火山回到大气中。

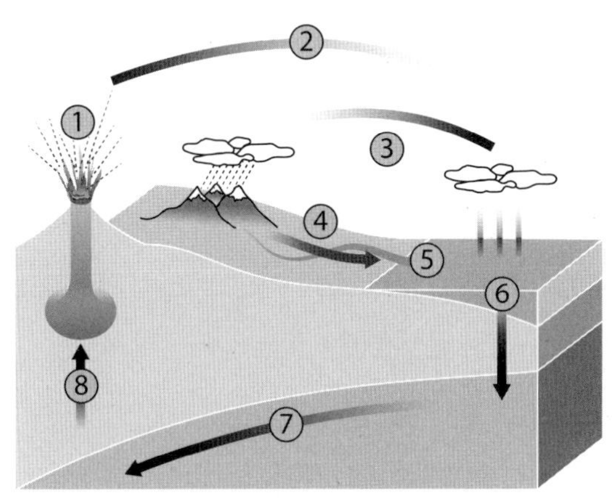

①火山向大气中喷出二氧化碳。

②地球因二氧化碳的温室效应而变暖。

③温暖的气候促使海水蒸发、形成降水。

④雨水含有二氧化碳，呈弱酸性，溶解了岩石中的矿物质。

⑤溶解的含碳矿物被冲进河流和海洋。

⑥矿物质沉积下来形成新的含碳岩石。

⑦岩石最终俯冲进入地幔，释放出二氧化碳。

⑧二氧化碳通过火山返回到大气中。

图 6.3　二氧化碳在地球复杂的气候控制机制中起到核心作用

这个循环是一个非常有效的热量平衡。当地球变暖时，蒸发量和降雨量增加，加速了大气中二氧化碳的排出，使地球降温。当地球变冷时，降雨量减少，火山排放的气体在大气中积聚，从而使地球升温。

对于地球保持适宜生物居住的气候，月球也起了一定的作用。它会防止地球摇摆，否则会导致地球轴心严重倾斜：即使是很小的摇摆也足以引发冰河时代的到来。当然，现在人类起到更明显的作用（见第10章）。即使哪一天人类灭绝了，我们燃烧化石燃料对气候造成的改变也可能会持续数百万年，地球潜在的温控器应该能够恢复控制，然而，谁都没有十足的把握。

气象机器

如果大气长期保持相对良好，营造了一个十分稳定的气候环境，那么短期内就不一定如此了：我们的天气常常出现时而美丽时而暴力的情形。这些情形源于使对流层运动的各种力量复杂的相互作用。

当太阳加热地球的同时，地球也在加热它上面的气团。气团中的分子运动速度显著加快，空气体积膨胀。这使得气团比周围的空气密度小，从而上升。较冷、较重的空气流入它腾出的空间，然后在那里变热并上升，继续循环。这种热量的垂直运动被称为对流，上升的气团被称为暖气团。

在这种情况下，温差导致密度和压力的变化就会驱动形成垂直风和水平风，因为气流在平衡这种压力。

地球的大气层在两极和赤道受热不均。这是因为地球的几何结构很简单。我们生活在一个绕太阳运行的球体上，太阳光从赤道的正上方照射下来，但在南极、北极附近有一个很大的倾斜角度。因此，在限定的区域内，极地从太阳光中接收的能量比赤道少。这种差异是地球天气变化的根本驱动力。热量自然会从较热的地区转移到较冷的地区,因此大气和海洋将热量从赤道传递到两极。没有温差的行星可能是一个永远没有风的星球，但在地球上，风一刻也不停，而且有时候风力还很大。

风带与科里奥利力效应

如果地球不自转，全球风的模式将非常简单。热空气会在赤道上升，然后在到达大气层顶部时向两极水平扩散。在两极，它会冷却，随着密度的增加而下沉，然后沿着地表流回赤道。因此，地表风在北半球只能从北向南流动，在南半球只能从南向北流动。而在旋转的球体上，地表及其上方的空气在赤道移动最快，而在两极则完全不动。因此，在北半球，地球向东旋转使风相对于其运动方向向右偏转，而在南半球则使风向左偏转，这种偏斜被称为科里奥利力效应。

地球自转产生的科里奥利力效应足以在每个半球产生三个相互交错的表面风带：赤道信风带、中纬度西风带和极地东风带（见图 6.4）。如果地球转得更快，就会有更多这样的风带。木星的自转速度非常快，它的一天只有 10 个小时，它也有比地球更多的风带。

在高海拔地区，从西到东的快速风带被称为急流，急流活动于缓慢移动的地面风带之上。虽然这种风带的常规模式占主导地位，但因为我们不是生活在一个均匀的球体上，而是生活在一个有海洋、山脉、森林和沙漠的球体上，所以实际的风带模式要复杂得多，而且变化无常。

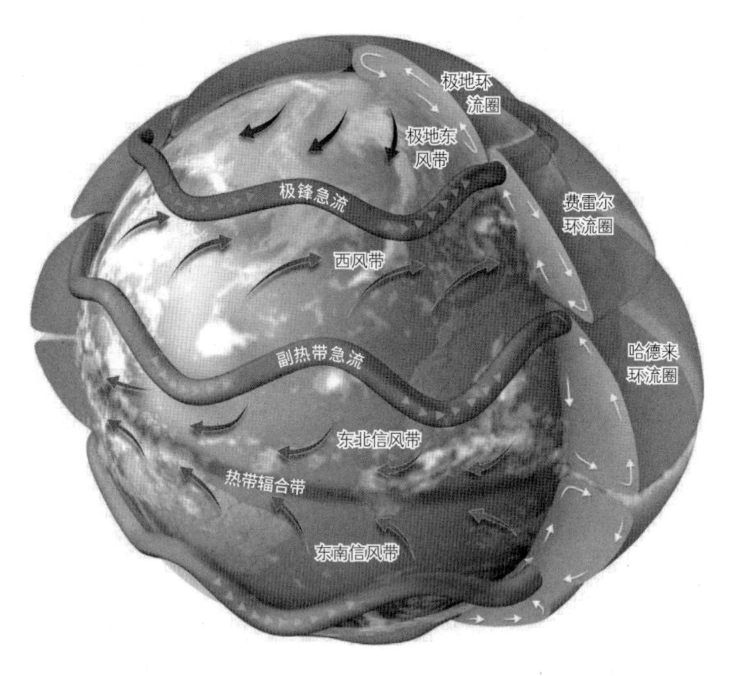

图 6.4　地球风呈现出明显的带状，部分原因是由科里奥利力效应造成的

不稳定性和降水

形成恶劣天气的一个先决条件是大气的不稳定性，即较低密度的空气上升到周围空气之上。当高空有冷而密的空气而下面是温暖潮湿的空气时，不稳定性最大。下层空气上升是因为升温和水蒸气都降低了空气密度。在一个不稳定的大气层中，空气一旦开始向上运动，便会持续上升。

随着上升，空气会进一步膨胀。膨胀导致冷却，因为当空气分子移动得更远时，一定体积内的动能就会下降。在某个时候，它变得太凉了，使得空气中的水蒸气难以继续保持。当空气达到这一点，即所谓的露点温度，水蒸气开始在空气中凝结，形成云和降水——雨、雪、冰雹。因此，产生降水需要两个因素：空气中有足够的水蒸气和一种提升空气使其冷却到露点温度的机制。

提升空气使其冷却或冷凝的三种主要方式是：太阳加热地面，使热量产生；不同密度的气团聚集在一起，形成“锋面”，推动空气向上流动；空气在前进过程中被山体阻挡被迫抬升。

对流层的气温随着高度的下降而下降，在大约 11 千米的高度上，空气又开始变暖。这个“温度变化”意味着到达了平流层的底部。平流层没有云，因为来自对流层的空气不能上升到逆温层之上。这就掩盖了不稳定性。如果逆温层消失，我们将看到更多的极端天气现象。

中纬度气旋

“气旋”一词可以用来形容任何旋转的风暴系统，包括在中纬度地区发展起来的普通低压系统。

赤道和两极的不均匀受热常常导致数千千米宽的风暴，并将热量输送到两极。这些是中纬度气旋，它们为中纬度地区带来了大量降水。

当温暖潮湿的热带空气与寒冷干燥的极地空气分界面存在巨大温差时，就会形成中纬度气旋。这些大风暴的主要动力是潜在能量的释放，因为向下并向赤道移动的寒冷、稠密的空气，取代了向上并向极地移动的温暖、稀疏的空气。

另一个能源是潜热。把液态水变成水蒸气需要大量的能量，当水蒸气凝结时，这种能量就会释放出来。当空气在风暴中上升冷却，水蒸气凝结时，潜热的释放使周围的大气变暖。这使得空气上升得更高，释放出更多的潜热，为风暴提供能量。风暴充当热机，把热量转化为动能风。

雷暴

当太阳的热量足够强时，向上移动的热量会产生顶部蓬松的积云。在某些情况下，这些椰菜花状的云层可能到达对流层的顶部。在这些云层的上部，冰点之下的温度会产生冰和雪，这些粒子之间的碰撞会分离电荷。当电荷差达到临界值时，“咔嚓”一道闪电，正电荷和负电荷重新结合在一起。

这种积云被称为积雨云——一种雷暴。除了为地球上大部分地区提供维持生命的降雨，雷暴也带来了危害。世界上最大的降雨事件总是由雷暴引起，热带气旋的强降雨也是由于雷暴嵌入其中。强雷暴会产生破坏性的大风，风速可达每小时 240 千米，并形成像葡萄柚一样大的冰雹。另外，雷暴还形成了自然界最猛烈的风暴——龙卷风。

龙卷风

1999 年 5 月 3 日，在俄克拉荷马州布里奇克里克地区的龙卷风中，多普勒雷达测量到地面之上约 30 米高处的大风，风速为 486 千米 / 时，这是有记录以来最快的风速。这种速度的风形成巨大的破坏力，摧毁了坚固的木结构房屋，并对钢筋混凝土结构的建筑造成了严重破坏。

自 2000 年以来，北美洲出现过 9 个极端龙卷风，达到了官方认定的改良藤田级数 EF5 级（风速超过 322 千米 / 时）。与飓风不同，龙卷风面积相当小，直径从 75 米到 3 千米。它们来自积雨云，积雨云可以在陆地或水上形成，那些在水上形成或移动的称为水龙卷，往往比在陆地上形成的龙卷风弱得多。

龙卷风的形成需要一套非常特殊的条件，最重要的是不稳定性和风切变的存在。来自海洋区域低纬度温暖潮湿的空气，与寒冷、干燥的极地气流相遇，产生了极大的不稳定条件，这意味着在地表附近受热的气团迅速上升，产生强大的上升气流。

如果存在一股强烈的急流，在对流层顶部附近有大风，就会有垂直风速切变。如果风也从近地面的南风变为高空的西风，则存在垂直风向切变。这两种类型的切变使上升气流旋转，形成旋转雷暴或超级雷暴单体。超级雷暴单体会产生绝大多数强（EF2 级和 EF3 级）和超强（EF4 级和 EF5 级）的龙卷风。

产生超级雷暴单体通常需要的第三个因素是“限制”。这是大气层中一个干燥、有稳定空气流入的区域。它可以防止空气上升到很高的高度，直到一天的晚些时候，当太阳能加热最终产生足够的不稳定性，使暖气团冲破“限制”。其结果是形成单一的大型超级雷暴单体，而不是一些较小的、分散的雷暴。

这些条件在美国中西部地区最为常见。墨西哥湾提供了低层温暖潮湿的空气来源，当这种低密度的空气在高密度的冷空气之下流动时，干燥空气从加拿大向南流动，结果就会形成极端不稳定的大气。再加上从沙漠地区到西部的干燥、稳定的中层空气的入侵，以及一股强大的高空急流，造成了大量的风切变，可能会导致数十次甚至数百次龙卷风。2011 年 4 月 25 日至 28 日龙卷风爆发期间，出现了 355 次龙卷风——包括 4 次最高级 EF5 级——席卷了美国和加拿大的 21 个州，造成 324 人死亡。

虽然世界上绝大多数龙卷风发生在美国，但它们也会影响其他国家。孟加拉国平均每年有 3 次龙卷风，大多是非常猛烈的。世界上最致命的龙卷风就于 1989 年 4 月 26 日发生在孟加拉国，造成 1300 多人死亡。

热带气旋

飓风、台风、热带风暴和热带低压都是热带气旋的例子。它们只在不低于 26 ℃的温暖海水中形成，与陆地上的风暴系统不同，它们的能量完全来自冷凝水蒸气释放的潜热。

热带气旋和龙卷风一样，需要一系列特殊的因素才能形成。首先是温暖的海水；其次是垂直风切变必须非常低，换言之，对流层表面和顶部之间的风速差必须小于每秒 10 米左右。如果风速更快，就会使形成中的热带气旋的中心倾斜或拉伸，带走它的热量和水分。

强大的高空风与急流或高空低压系统有关，是最常见的风切变源。亚热带急流在冬季和春季往往更接近赤道，这就是为什么在这些季节，加勒比海或西太平洋很少形成飓风和台风，尽管海洋温度全年都很温暖，足以支持风暴的形成。热带气旋的形成还需要通过深层大气的高湿度。来自非洲或北美洲的干燥空气常常会破坏一个正在酝酿中的飓风。

最后，热带气旋需要一些东西才能使它旋转。在大西洋，这通常是由被称为非洲东风波的低压区提供的，这些低压区从非洲海岸出发，向西移动到加勒比海。飓风的旋转也得益于地球的旋转作用。科里奥利力效应在赤道处为零，在极点处为最大，因此在赤道约 5 度的纬度范围内通常不能形成热带气旋，但一旦超出这个范围，随着向两极方向移动，由于科里奥利力效应引起的垂直旋转增大，热带气旋就会逐渐扩大。

台风？飓风？

热带气旋起源于热带低气压，这是一个有组织的旋转风暴系统，风速小于 63 千米 / 时。当风加快时，这个系统就被命名为热带风暴。当风速达到 119 千米 / 时，在风暴中心周围形成一圈被称为“风眼墙”的强雷暴。眼墙内是风暴的“眼”，这是一个清晰、平静的下沉空气区域。

一旦持续风速超过 119 千米 / 时，如果风暴位于大西洋或东太平洋，则被归类为飓风；如果风暴位于西太平洋，则被归类为台风。在印度洋或南半球，它被简单地称为气旋或热带气旋。这些不同名称的风暴之间没有气象差异。

非常温暖的海水延伸到 50 米左右的深度可以使热带气旋迅速增强到“严重”飓风状态，风速达 178 千米 / 时以上，这是地球上最可怕、破坏性最强的风暴类型。

传统上，根据最大持续风速，在萨菲尔 - 辛普森飓风等级上，飓风被划分为 1 级至 5 级。然而，这个等级划分可能会产生误导，一场覆盖大面积海域的弱风暴，可能比一场规模更小但强度更大、萨菲尔 - 辛普森飓风等级更高的飓风产生更大的风暴潮。为了更好地了解风暴潮的潜能，我们开发了实验综合动能等级，对风速和强风延伸区域同时进行测量。

季风低压

季风的运行原理与我们熟悉的午后海风相同，但规模更大。夏天，陆地比海洋更热：这是因为在陆地上，太阳的热量集中在接近地表的地方，而在海上，风和湍流将表层的温水和较低温度的水混合在一起。同时，提高水的温度比加热干旱地区的土壤和岩石需要更多的能量。

因此，陆地上形成了一个上升空气的低压区。潮湿的海风向这个地区吹来，到达陆地时向上吹。不断上升的空气膨胀，冷却，产生降水——有些是地球上最大的降雨。

每一个夏季，季风都影响着除南极洲以外的所有大陆，所产生的降雨，维持了数十亿人的生活。在拥有 13.4 亿人口的印度，季风降雨量占 80%。当然，季风也有其不利的一面：印度及其周边国家每年都有数百人因暴雨引发的洪水和山体滑坡而死亡。

最致命的洪水通常来自季风低压。季风低压与热带低压相似，但比热带低压大。两者都是直径数百千米的旋转风暴，风速为 50~ 55 千米 / 时，中心风力几乎平静，并伴有特大暴雨。每年夏天，孟加拉湾上空都会形成 7 个季风低压，并向西穿过印度。2010 年 7 月和 8 月，两个主要的季风低压横穿印度进入巴基斯坦，诞生了巴基斯坦历史上造成损失最大的洪水（100 亿美元）。

降水成因之谜?

虽然我们对天气是如何变化的了解很多，但还有很多问题我们无法回答。众所周知，天气变幻莫测，这使得预报变得困难。我们也很难理解那些零星的、短暂的、发生在我们头顶上方方寸区域的事件。接下来的两部分，以及第 10 章中的另一部分，就将专注于研究一个越来越受关注的领域：云层中到底发生了什么。

云层既熟悉又神秘。它们是在水蒸气凝结成微小的水滴或冰晶时形成的。然而，当谈到降水的时候，我们仍然一头雾水，为什么有些云会释放出洪流，而另一些云却一滴水也没有流出来?

这个谜团源于冰形成的物理机制。当云层中的水滴长大到足以克服大气上升的气流时，就会产生雨或雪。大多数时候，降水需要冰晶比水滴生长得快，这意味着冰晶在被卷走蒸发消失之前达到了下落的重量。但奇怪的是，大气中的纯净水在 −40 ℃仍能保持液态，尽管这种现象背后的分子秘密仍令人费解，但这意味着云中的水滴通常需要一些帮助才能形成冰。

这种帮助以“冰核”的形式出现，即悬浮粒子或气溶胶，围绕着这些微小的物体，水分子能够排列出冰晶的晶格结构。从海浪中析出的盐和从沙漠风中吹出来的矿物粉尘能起到这个作用，它们在天空中大量存在。但它们不能在 −15 ℃以上形成冰晶，而陆地上一半左右云层的内部都能达到这个温度。在这些普通的云层里一定还藏着别的东西。

但它究竟是什么呢？一个潜在制冰者的身份出现在 20 世纪 70 年代初。当时的研究人员发现，一种名为“丁香假单胞菌”的叶子寄居细菌是形成冰的催化剂，即使在相对温暖的条件下也是如此。为什么丁香假单胞菌进化出这种速冻能力尚不清楚，但它可能是进入植物组织的一种方式：尖尖的冰晶刺穿树叶，撕裂细胞，从中汲取养分。

1978 年春天，博兹曼市蒙塔纳州立大学的植物病理学家戴维 · 桑兹雇了一架小型飞机，上面覆盖着丁香假单胞菌，飘浮在高空的云层中。他提出，细雨和倾盆大雨是由丁香假单胞菌引起的，但这一说法在大气科学家中并不流行。

在这一发现之后的 10 年左右，研究人员成功地分离出了制造冰核蛋白的基因之一。随后，更多拥有这种能力的微生物物种被曝光，包括各种真菌。但仍然没有人认真对待桑兹的观点。

这种情况在 2007 年开始改变，当时科学家们从世界各地收集了新鲜的雪，并观察了冰核。他们把它们放在纯净水中冷却，以确保 −7 ℃以上保持样本冻结，然后加热以破坏其中所有蛋白质——假设这样会导致任何生物冰核失效。当再次冷却时，大多数液滴不再在 −7 ℃以上结冰，这表明大多数冰核粒子是生物性的。然后，2015 年，对巨型冰雹的类似研究发现，它们也是在生物粒子将水转化成冰的过程中诞生的（见图 6.5）。

而且这样的例子还有很多。近年来，我们发现各种微生物都生活在能够影响云层运行的高度。一项研究收集了飓风“厄尔”和“卡尔”通过大西洋、加勒比海、墨西哥湾和美国大陆等海拔 10 000 米处的样品。研究记录了 314 种

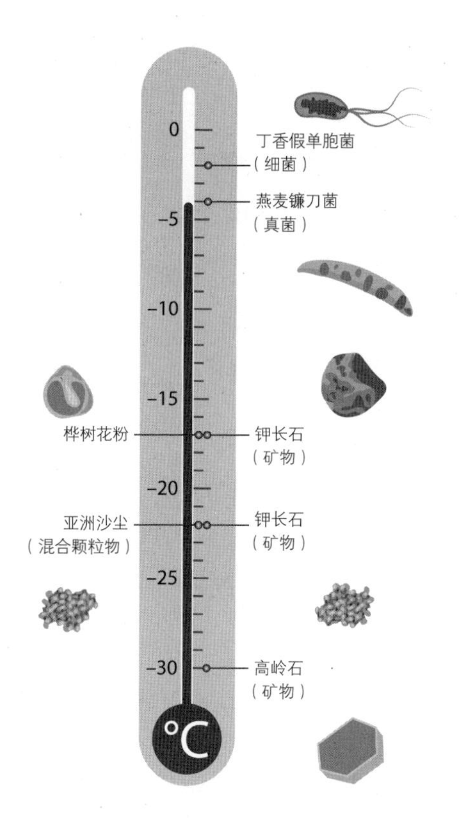

图 6.5　要形成降雨，云通常必须形成冰晶。纯净水的温度可以降低至 -40℃，但是在稍高的温度下，微小的颗粒就会促使冰的形成

不同的细菌，其中大部分是活的。研究还发现了与土壤和尘埃颗粒一样多的生物细胞。

但这并不意味着这些细胞会影响云层或降雨。为了找出答案，你需要看看它们在云层里干了什么。这正是加州大学圣迭戈分校的大气化学家金·普拉瑟通过从雨云中汲取冰晶所做的工作。普拉瑟和他的同事研究发现，在充满雨水的云中形成冰晶的粒子中，大约 40% 是生物成因的。

这是一个有利的证据，证明微生物确实在温暖的云中结出了冰。但是普拉瑟还没有在工作中捕捉到细菌。即使她这么做了，也有人质疑空气中是否有足够的量对结冰产生影响。煤烟和天然矿物颗粒被认为更为丰富，因此更有可能占据主导地位。然而，倡导者认为微生物可能在一年中的某些地区和时间内产生显著的影响。

如果微生物导致下雨怎么办?

如果桑兹和其他支持活冰核的人的想法是正确的，那就为更多问题提出了可能性。例如,丁香假单胞菌是否进化成利用云层旅行来确保其自身的扩散，并确保其植物宿主得到雨水的滋润?

微生物到底是如何影响天气模式的呢?桑兹指出，有证据表明，某些类型的植被在降雨后释放出更多的冰核细菌，从而产生进一步的降雨。这就提出了一个问题：我们是否在不知不觉中通过农业改变了天气。

如果我们过去不小心改变了天气，将来我们是否可以故意这样做?美国有一个悠久的传统，派遣飞机通过向天空喷撒碘化银作为催化剂。2015 年，洛杉矶郡为应对加利福尼亚州的干旱，花费了 50 万美元将碘化银撒向云层，由于缺乏证据表明碘化银会增加降雨量，所以受到批评。

桑兹认为，天然制冰机可以提供更好的解决方案：识别或创造出含有冰核细菌的植物，例如，把它们种在适当的地方，让它们“种”出雨水。

目前，所有这些都是推测性的。还有一个问题需要考虑。在空气中没有水蒸气的地方，你不可能诱发降雨，而在一个特定的地方，可供降水的水量总是取决于全球天气模式，而且变化很快。

晴天霹雳

令人欣慰的是，飓风和龙卷风等致命风暴相对罕见。在更常见的天气危害中，有一种是你真的不想近距离接触的，那就是闪电。

这是一种非常普遍的现象，大约每秒在全球发生 100 次闪电。但是由于研究闪电的困难和危险，我们对闪电成因的了解还比较少。研究人员对创造这一景象条件的研究进展缓慢，看起来我们可能一直都会经历闪电。

我们都可能经历过电火花带来的某种程度的疼痛，通常是在走过毛茸茸的地毯，伸手去摸金属门把手之后。当你走过地毯时，脚与地板之间的摩擦力会将地毯上原子中带负电的电子刮掉，这些电子会在你的身体中运行起来，使你整体带负电。这种电荷的积累看似微不足道，但在短距离内，它产生的电子场会变得惊人地大。

当你带负电的手指向前滑动时，它会排斥门把手上的电子，使其在离你手最近的地方带正电。这些分离的电荷会产生一个电流场，如果它达到临界值 300 万伏 / 米，就会导致手和旋钮之间的空气破裂。电子从空气中的分子中剥离出来，使它从绝缘体变成导体。在那一瞬间，多余的电子从你的手指穿过，伴随着一阵疼痛，通过电离空气流向旋钮。哎哟！恢复了电中性。

摩擦也是雷暴中电场的根源，尽管其来源不同。在雷雨云中，强大的上升气流将冰晶带到顶部，而较重的冰雹则落在地球上。这两股气流之间的摩擦剥夺了冰晶中的电子，因此上面的云带正电荷，下面的部分带负电荷。这就产生了一个类似于你和门把手之间的电场，于是当雷雨云中的电场变得足够强，足以电离空气时，结果就相当壮观了。电子在空气中划出电离通道，或称引线，寻找着最近的正电荷。

在一次常见的云地闪电中，负电荷在地球表面找到了正电荷。但最常见的闪电类型是云内闪电，放电的地方是在云层顶端的正电荷区域。不管怎样，一旦其中的先导到达电荷相反的区域，电流就会在两点之间射出，产生比太阳表面热 5 倍的闪电。

这是大多数人的观点，但它也有一个问题：尽管自 20 世纪 50 年代以来，我们已经把气球和装有仪器的飞机送入雷雨云中，但我们从未测量过分解空气所需的 300 万伏 / 米的电场，相反，电场通常是这个数值的 1/10，这说明闪电的运行方式与传统的电火花不同。

地外辅助

这个问题的一个潜在解决方案有一个令人惊讶的来源：外太空。每一秒钟都有数十亿高能粒子坠入我们的大气层。如果其中一个粒子在雷暴中与电子相撞，电子就会受到严重的速度冲击。当它穿过云层时，这个失控的电子会使大量的空气分子电离，产生其他高能电子的雪崩。

人们认为，由此产生的电荷突然积聚会短暂地增强局部电场。尽管细节还不清楚，但这个电场的附加效应可能足以引发闪电，这种效应被称为“逃逸击穿”，而背景电场却不存在——接近 300 万伏特 / 米（见图 6.6）。

1991 年美国宇航局将康普顿伽马射线天文台送入轨道后不久，这种观点开始得到支持。它的任务是寻找伽马射线，这是宇宙中最强大的辐射形式，通常在恒星爆炸时产生。所以当天文台发现这些高能光子不是来自遥远的星系，而是来自地球大气层中的雷暴时，人们惊讶不已。

物理学家们很快就把这些联系起来。当宇宙射线加速的电子在与分子的碰撞中曲折前进时，它们不仅会产生更多的高能电子，还会产生高能光子。伽

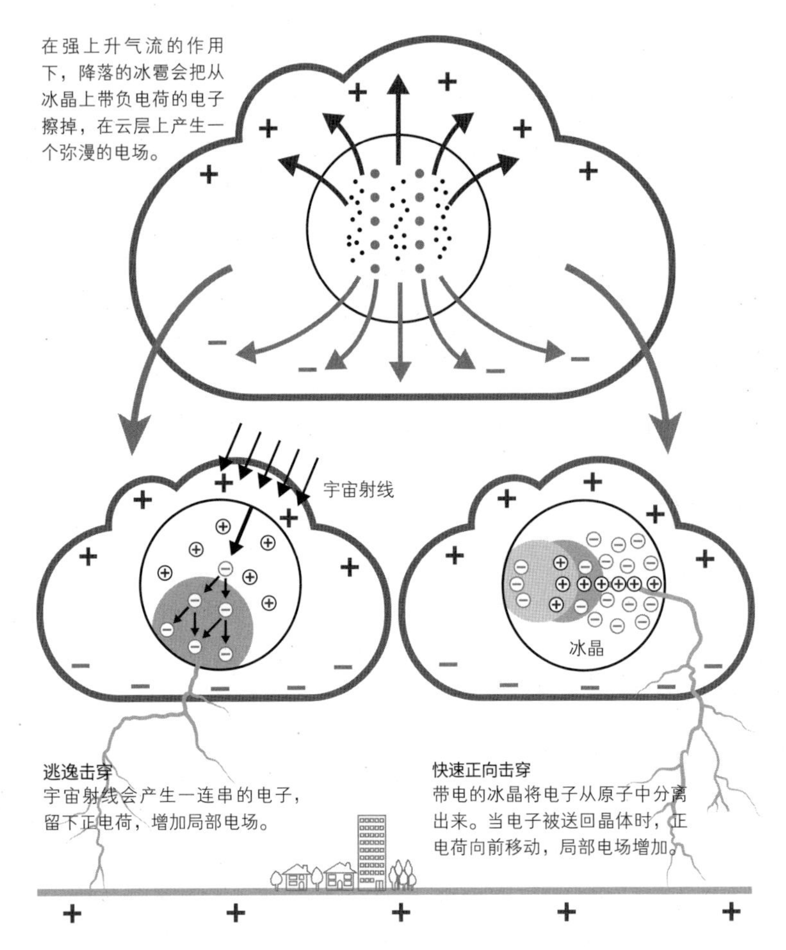

图 6.6　雷暴内部的电场似乎太低，无法单独引起闪电。有两个过程可能会增强局部磁场，足以引发闪光

马射线是失控分解的一个标志。

尽管这种联系看起来很诱人，但它可能是一个巧合：我们没有直接证据表明这是怎么回事。为了找到这一点，我们需要更好的方法来观察雷云内部。

幸运的是，有一种方法。闪电产生的波动电场会产生大量的无线电噪声，引起类似模拟无线电的爆裂声。20 世纪 90 年代中期，位于索科罗的新墨西哥科技大学的物理学家威廉·赖森和他的同事认识到，他们可以使用 GPS 接收器精确地把无线电噪声和闪电都标出来。如今，赖森的闪电成像阵列分布在马格达莱纳山脉的 16 个站点。它可以在雷雨云中拍摄闪电的三维图像，但最初它的时间分辨率并不是很高。

为了改进这一点，2016 年，赖森和他的团队开发了一种干涉仪来探测无线电波，并安装了一台高速相机，能够以超过 1.8 亿帧 / 秒的速度拍摄。有了这些工具，他们得到了视频图像和一张迄今为止最精确的、完整的三维闪电图。

头顶上的闪电

研究人员希望能得到逃逸击穿的详细图片。然而，结果却出乎他们的意料。他们发现,云层深处的强大火花可以在不需要外星协助的情况下提升电场，而不是像预期的那样从带负电的区域开始，跑到附近的正区域，它的做法恰恰相反。

经过数周的努力，他们想弄明白这个结果，赖森和他的团队意识到，正电荷的流动方向相当于电子急速向反方向移动的方向。在他们看来，罪魁祸首很可能是一面带负电荷、另一面带正电荷的极化冰晶。如果正电荷变得足够强，足以从附近的空气分子中撕裂电子，它就会产生另一个正电荷。这个过程就像晶体的新尖端，又产生了另一个正电荷，只要电场足够强，这个过程就会持续重复。

他们称这个过程为“快速正向击穿”。它创造了一个小小摆动的电离空气带，开始在冰晶的末端生长。当这个正向的“流线”增长时，它就像一个真空吸尘器一样，吸收了负电荷，然后把这些电荷送回冰晶，就像一个游泳者把水推到他身后一样。一旦冰晶积累了足够的额外电荷，它就可以创造出一个闪电先导，先声夺人。

令人惊讶的是，赖森的研究结果表明，在雷暴中看到的所有形式都可能是由快速正向击穿引起的。当然，宇宙射线仍可能发挥作用。但一些业内人士认为，赖森的证据是一个转折点，就好像你在玩拼图游戏时找到了拼图的一角。

辨认闪电

从类似海怪的闪光到被认为能熔融玻璃窗的球状闪电，闪电以各种奇异的形式出现。

精灵闪光：曾经被认为是神话，是云层上方短暂的红色闪光，看起来像巨大的水母。精灵闪光被认为是由闪电击中地面时在高层大气中产生的强电场形成的，但实际上我们并没有确切地搞清楚它们是如何形成的。

怪异闪电：这些发光的甜甜圈形状的光有400千米宽，然后在不到1毫秒的时间内迅速消失。人们认为，当云中的电场使电子撞击氮气分子时，氮气分子就会发出独特的红光。

蓝色喷流：偶尔从国际空间站上瞥见，蓝色喷流雷雨云向上蜿蜒升到大约50千米的高度，然后在1/10秒的时间内消失。由于这种闪电相对比较少见，所以人们很难理解它们的成因。

反向闪电：当雷雨云和地球表面之间的电场中和时，为什么云总是必须让路？有时闪电在地面形成并向上射出，直到击中云层。何时以及如何形成这些闪电等细节仍然是个谜。

球状闪电：人们看到带电的球体熔融玻璃窗，飘浮在建筑物中，甚至在飞机的过道上弹跳。尽管人们已经报道了 2000 多年来自然界中出现的球状闪电，但科学家们还不确定到底发生了什么。虽然已经有许多理论，但没有一个是完全被接受的。

7

海洋

阿瑟·C. 克拉克写道："把这颗被海洋覆盖的行星称为地球是多么不合适。"有一件事实很难反驳：从太空俯瞰，我们的行星看起来主要是蓝色的，因为海洋覆盖了地球表面的71%。如果不是这样，我们就不会出现在这里了。

地球上不平静的水

阿瑟·C. 克拉克指出，我们认为海洋理所当然应该存在，但是，我们却在虐待它们。它们仍然是世界上很多人食物的重要来源，但过度捕捞已经危及世界上 85% 的渔业。就像对待大气一样，我们往往把海洋当作一个巨大的垃圾堆。可悲的是，来自农业、工业和日常生活的污染仍在不断破坏着海洋维持生命的能力（见第 9 章）。

从全球范围来看，海洋还提供了其他“服务”。例如，它们可以充当巨大的储热器，消除极端温度，为地球提供一个稳定的气候来哺育生命。近几十年来，海洋的另一种能力越来越突出：它们消耗大量的碳并将其与大气隔离开来。

这种能力在很大程度上取决于海洋环流，这是一个在世界各地输送大量热量、盐和其他物质的水流网络。世界上 5 个最大海洋环流中的任何一个，比如墨西哥湾流，水流量都约为地球所有淡水河总流量的 50 倍。

表层海水从空气中吸收二氧化碳，并在下沉到海洋深处时将其锁定。同样，被称为浮游植物的微小海洋植物也具有这种功能。如果气候变化扰乱了海洋环流的模式，正如一些科学家所说的那样，它可能会严重限制海洋的吸收能力，这意味着我们只有了解海洋的作用，才能充分了解气候的变化。

驱动力

洋流是由多种因素驱动的。海面上的风驱动着表层洋流，另一个因素是地球自转产生的科里奥利力。科里奥利力对洋流造成横向冲击，就像对风一样（见第 6 章）。

在北半球，科里奥利力使洋流相对于其运动方向向右偏转，在南半球则向左偏转。海洋表面的基本流动模式最终形成了许多被称为环流的封闭模式。因为科里奥利力从赤道向两极不断增大，结果就会造成这些环流的形状是不对称的。在海洋盆地的西部边缘，有强烈、狭窄、快速的环流，其速度可达 2 米 / 秒。这些“西部环流”包括北大西洋的湾流。在东部，则是微弱、较宽和速度较慢的环流，速度不足 0.1 米 / 秒。

所有的主要海洋盆地都有环流（见图 7.1）。亚热带环流是在 10° ~40° 纬度发现的大型闭合环流模式。副极地环流出现在 50° ~70° 。风把这些旋涡里的水堆积起来，这意味着海平面并不平坦。例如，在北大西洋副热带环流中，西印度群岛和亚速尔群岛之间马尾藻海的海平面比百慕大群岛周围的海面高约 1 米。这些环流模式有一个例外，那就是南极绕极流，这是一种从西向东围绕南大洋流动的强洋流。赤道附近也有复杂的海流，科里奥利力在那里消失了。

然而，海水的命运并没有就此结束，因为它在很大程度上取决于温度、密度和盐度之间的相互作用。全世界海洋的盐度各不相同。通常，1000 克海水含有 35 克盐。例如，波罗的海和北冰洋的盐度较低，地中海和红海的盐度较高。全球各地的水温也有很大差异。温度和盐度都有助于确定海水的密度，因此密度也因地而异，并有助于推动海洋循环。

海水温度越高，密度越小，重量越轻，使它上升到海面；反之，海水温度越低，密度越大，重量越重，使之下沉。水中的盐度越高，密度就越大。因此，冷而重的咸水和暖而轻的淡水之间存在着很大的密度差。

极地地区的冬季，海洋表面向大气中散发热量，最终导致海冰的形成，水的盐度越来越高。现在又重又冷又咸的极地水下沉到海底深处，迫使表层水从热带地区流向极地。同时，在极地海洋深处，大量的水堆积起来并被推向赤道。在这次旅行中，水变得更温暖、更轻，于是就形成了一个巨大的海洋环流。海

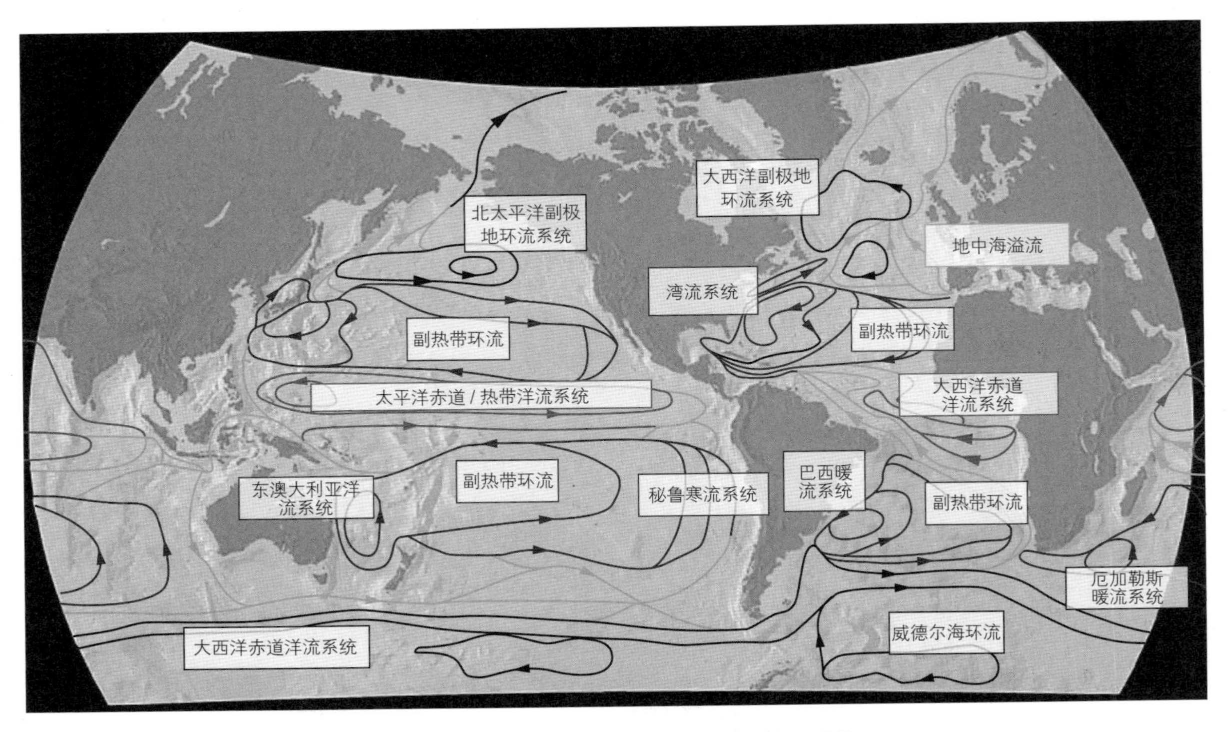

图 7.1　海洋中主要的洋流是风和科里奥利力驱动的

洋环流将温暖、新鲜的表层水转变为寒冷、含盐的深层水的整个过程被称为深对流。深对流是驱动海洋环流的一种热机系统。

由温度和盐度差异驱动产生的流动模式被称为温盐环流，与地面风驱动的环流是分开的。联合效应产生的三维环流被称为海洋传送带（见图 7.2）。大西洋、印度洋和太平洋盆地的水循环由南大洋相连。西欧的气候在很大程度上依赖于海洋传送带。由于北大西洋暖流——墨西哥湾流的延伸——西欧得到的“免费”热量相当于大约 100 万个发电站的输出。

海水可以储存大量的热量，海洋表层 3 米深度的海水与整个大气层具有相

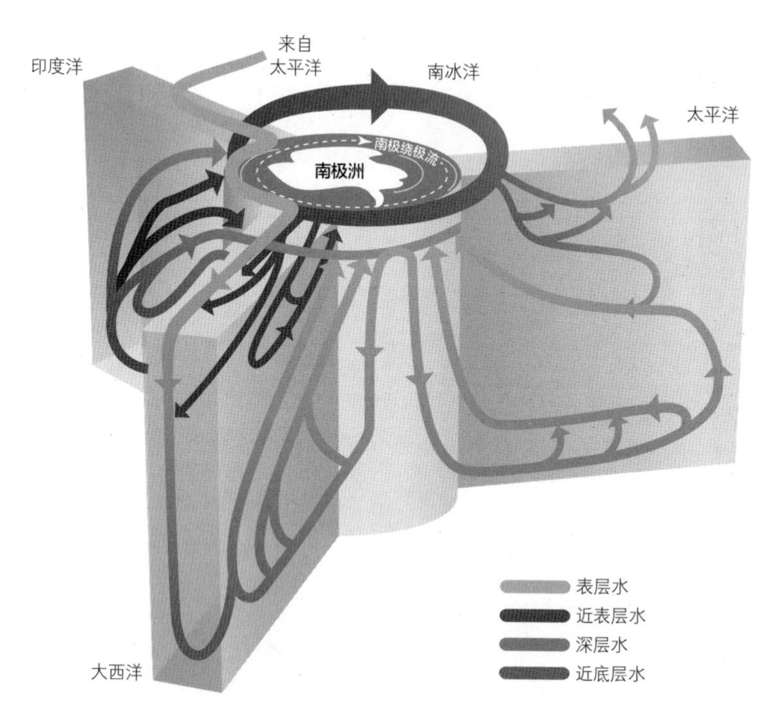

图 7.2 两极附近寒冷稠密的海水下沉到海洋深处，然后流向热带地区。这种下沉的水沿着海洋表层从热带地区抽取温水，形成了一种“传送带”

同的热容量。太阳直接加热海洋表面，因此表层水通常是最温暖、最轻的，而海底附近的水则是最冷、密度最大的。海洋的这种逐渐分层是很重要的，因为水在恒定密度层上的移动比在跨层移动更自由。但是，在有深对流的区域，或者海洋层向深处倾斜的区域，水仍然可以从一个深度下降到另一个深度。

新水与旧水

海洋表面的风搅动着混合层中的水，向下延伸约 100 米，水的温度和密度基本保持不变，但在混合层之下，温度和密度随深度的变化而变化。大部分海洋都含有冬季在高纬度地区下沉的冷水。因为温暖的热带水域较轻，它们位于较冷的极地水域的顶部。它们之间存在着明显的分界层，这里的温度随深度的增加而迅速下降，被称为温跃层。

温跃层的存在很大程度上取决于温盐环流。在一些深对流的地方，例如北大西洋的极地水域和南极洲附近的威德尔海，水下沉相对较快。但它“上升”的速度要慢得多，平均每天上升 1 厘米左右，跨越温带和热带地区的大片地区，然后慢慢地沿着表层回到极地，完成这个循环。

因为极地表层水比热带表层水更冷、密度更大，所以海洋密度层通常不会平行于海面。相反，恒定密度的层（称为等密度层）通常从海洋表面向下倾斜。这就是为什么在局部深层对流区域之外，表层水仍然可以深入海洋，携带着一些热量、盐、氧气、二氧化碳和它在表层所具有的其他特性。这种将水的性质输送到海洋内部的行为被称为“通风”。“通风”能分离溶解在表层海水中的二氧化碳气体，这也是为什么海洋环流模式的变化会影响海洋吸收大气中二氧化碳的能力。

水的年龄有多大?

海洋学家说，海水的年龄指的是海水出现在海洋表面以来的时间。研究水的年龄有助于他们搞清楚水从哪里来，到哪里去。

海洋学家使用天然放射性碳（C-14）、溶解氧和二氧化硅来测定水的年龄。他们还可以利用人类活动产生的污染物，如氚，这是20世纪50年代和60年代核弹试验遗留下来的氢的放射性同位素。靠近浅表的水可能只有几年或更短的历史，而较深的水则要古老得多。例如，温度低于2℃的北大西洋海水最后一次与大气的接触时间可能在200年前，太平洋深度超过1500米的水可能已经有500多年的历史了。

海水的垂直循环意味着，即使是非常古老的水也不可避免地回到水面，然后再开始下沉。水可以穿越很远的距离，并需要长达数千年的时间来完成一条单一的循环路径，这期间要经历许多曲折。就像陆地上的风穿过山谷并被山丘阻挡一样，深海环流也会受到海底地形的影响。

狭窄的海峡，连接着世界各大洋的各个部分，其流量受到水深限制。例如，在直布罗陀海峡，含盐度相对较低的大西洋水流入地中海，而含盐度相对较高的地中海水则从深处流出。这种狭窄的通道对于调节全球海洋环流不同性质水的交换至关重要。

海洋涡流

这种情形可能看起来是一个稳定、缓慢的循环画面。然而，细节却缺失了。正如大气有其高压（反气旋）和低压（气旋）一样，海洋也有旋涡——海洋的“天气系统”，以每秒几厘米的速度移动，将热量和盐分从海洋的一边输送到另一边。不过，这些旋涡的直径约为100千米，远小于大气中的直径，而大气中的直径可延伸至1000千米。

在墨西哥湾流等“快速移动”地区，旋涡可能只持续几个月就被吞没了。相反，在不太活跃的地区流动的旋涡可以持续两年或更长时间。涡流是不稳定流动的结果，例如在强水流穿过的地方，或在水流相邻部分之间速度有很大差异的地方，或在流速随深度有显著变化的地方。

涡流携带大量动能和热量，在海洋间能量传递、热量收支、不同性质水的交换方面发挥着重要作用。厄加勒斯暖流是非洲东海岸的一个西部边界洋流，它经常产生旋涡，把印度洋的温暖咸水带到南大西洋。

今天，揭开海洋环流的奥秘是各国科学家所面临的一项艰巨任务。如果我们成功了，那么我们将朝着了解地球气候，或许能够预测其未来的方向又迈出了一步。

真正的深渊怪兽

鉴于深海研究一直以来的固有困难，我们现在才逐步了解下面发生的事情。然而，更令人惊讶的是，我们仍在探寻那些发生在海面上显而易见的现象。几十年前，可能让大型船舶严重损坏或沉没的一次性巨浪的概念，被斥为子虚乌有的故事。但现在变了，在理论和实验的支持下，加上真实世界的观测结果，毫无疑问地证明了巨浪的发生并不罕见。

科学界对这些超级巨浪的研究进展缓慢，甚至还没有形成一个可以被普遍接受的定义。有一种比较流行的观点认为，超级巨浪至少是有效波高的两倍，而有效波高则指的是某片海域内最高的1/3波浪的平均高度。这在很大程度上取决于环境条件：在一片有效波高为10厘米的平静海面上，一个20厘米高的海浪也可能被视为超级巨浪。

这个高度似乎微不足道，在很长一段时间里，海洋学家的预测模型显示，反常的巨浪几乎不曾出现过。这些模型基于线性叠加原理：当两列波相遇时，把每个点的波峰和波谷的高度简单地相加。直到20世纪60年代末，英国剑桥大学的托马斯·布鲁克·本杰明和J.E.费尔才发现传统的数学模型不太可靠。当长波海浪与短波海浪相遇时，一个波列的所有能量会突然集中在几个巨浪之中——甚至有时候仅有一个。

两人接着在伦敦西南部国家物理实验室的一个大型波浪水槽中进行了实验，验证了这一理论。造波机以不同速度搅动海水，在离它较近的地方，海浪是均匀的、平稳的，但是到了大约60米外，它们开始变得扭曲，形成了短暂的、更大的波浪，我们现在称为“超级巨浪”（也有人称为“流氓波”或“疯狗浪”）。

这个新发现过了一段时间才流传开来。1995年在离挪威海岸大约150千米的北海，理论研究和实际观测终于碰撞到一起。那年元旦，卓普尼海上石油平台周围波涛汹涌，有效波高达12米，但下午3时20分左右，平台上的加速度计和应变传感器记录到一次巨浪，它的波峰比周围的波谷高出26米，相当于纳尔逊纪念碑高度的一半。根据大部分人普遍的观点，这是万年一遇的事情。

卓普尼巨浪开创了研究超级巨浪的新纪元。2000年，欧盟发起了“大浪计划”。在2003年初的3个星期内，他们利用船载雷达和卫星数据扫描世界海洋以寻找巨浪，发现了10个高度在25米以上的巨浪。

我们现在知道，任何一片大洋都可能出现超级巨浪。北大西洋、南极洲和南美洲最南端之间的德雷克海峡，以及南非南部海岸附近的水域，尤其容易出现（见图7.3）。这使得我们从新的角度对历史记录进行了解释，在2004年

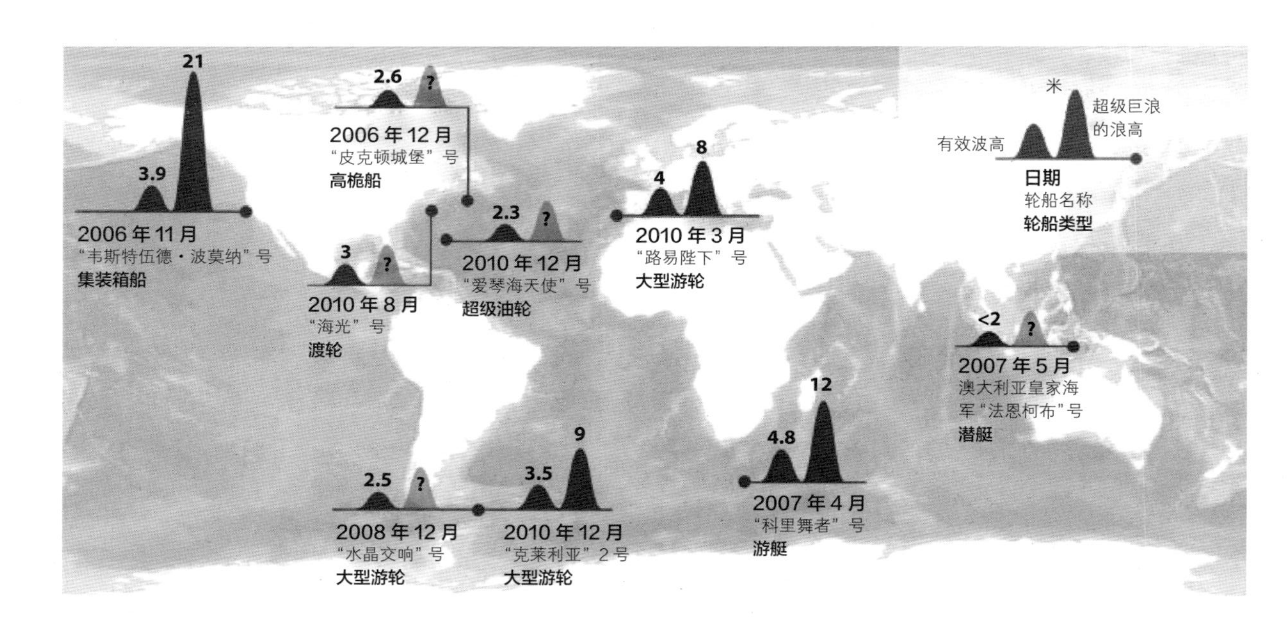

图 7.3　对 2006 年至 2010 年间媒体报道的分析，得出了 9 起可证实的船只在深海海域遭遇超级巨浪袭击的事件

之前的20年间，有近200艘货轮的失事还无法解释，而超级巨浪被认为在这些事件中起了一定作用。2014年，一股怪浪袭击了英吉利海峡的“马可·波罗”号游轮，砸碎了一间屋子的窗户，并造成一名乘客死亡。

制造怪物

究竟是什么力量让现实世界中出现了怪浪？通过日益复杂的计算机模拟并结合理论和观察，研究人员正在建立一份目录，归纳超级巨浪在现实世界中的产生条件。其中的一种情况是，风暴卷起波浪迎面遭遇一股强大的逆流。在北大西洋的墨西哥湾流沿岸，这种情况经常发生，海浪撞上非洲东南部的厄加勒斯洋流也是这样。另一种情况是“对穿海”，是由两个波系——通常一个是由当地海风产生的，另一个是来自更远地方的海浪——从不同方向汇聚而成，造成不稳定。

“路易陛下”号

当“路易陛下”号游轮离开西班牙巴塞罗那前往意大利热那亚时，它踏上了旅行的最后一段悠闲时光。但地中海暗藏杀机。

2010年3月3日下午1时左右，在船离开港口时，海面上聚起了风暴。在航行的头几个小时里，海浪不断地增加，但人们并不觉得这有什么异常。然后，下午4点20分，在没有任何征兆的情况下，船撞到一堵至少8米高的水墙。据事后还原真相，游轮发生颠簸，接二连三地撞上滔天巨浪。

海水冲上游轮吃水线上方约17米处，打破了5号甲板上的窗户。结果造成2名乘客当场死亡，另有14名乘客受伤。海浪突然出现，又突然消失，游轮摇摇晃晃地返回到巴塞罗那。今天，研究人员认为这一事件可能是由对穿海引起的。当他们将风浪数据输入一个模型中，以对当时该地区的海况进行事后预测时，证据表明当时两波海浪正在船附近汇聚，一波来自东北部，一波来自东南部。

此外，一些简单的情况可能也会产生超级巨浪。1980 年 12 月，在日本南部太平洋地区以事故多发而著称的“龙三角”海域，一艘满载煤炭的货船遇上巨浪，整个船头被高约 20 米的巨浪吞没。日本对此展开的调查将原因归咎于对穿海，但当研究人员使用一种更为复杂的波浪模型来模拟这种情况时，他们发现很可能只是一股强风将能量注入了一个单一的波浪系统，而这个波浪系统比传统模型预测的要大得多。

这种单一波浪系统的传播模型已经发生了一些变化，而且对它们的预测也进行了修改。2012 年，研究人员发现，根据这些模型，超级巨浪的高度甚至可以达到周围海水的 11 倍之多，这一可能性已经在波浪水槽实验中得到证实。

随着对超级巨浪理解的不断深入，科学家现在正在制订计划，在水手们进入可能产生超级巨浪的海域时向他们发出警告。要完善这样的系统还有一段路要走,但现在我们至少有理论和模型来预测那些在几十年前还被怀疑的现象。

神秘的河流

在土耳其博斯普鲁斯海峡下面有一条神秘的河流，它有河岸和湍急的河水，有的地方有 1000 米宽。如果它在陆地上蜿蜒而行，从它的流量来看，将成为我们的第六大河。然而，这股水流在海平面之下 70 米处静静地从马尔马拉海流向黑海。

这条暗河没有名字，也绝非独一无二。无数条水下河流纵横交错地穿过海洋，长数千千米、宽数十千米、深几百米。它们将沉积物分流到海洋中，携带着氧气和营养物质，使生物得以在深海中繁衍生息。

如果把地球上所有的海水排干，你会发现水下河流已经侵蚀出一个被称为深海水道的迷宫。看起来，它们类似于陆地河流，但它们的流动更像是雪崩、沙尘暴或火山碎屑流。它们的破坏力成为海底电缆的主要危害。

事实上，这些水道的存在最初就是从电缆破坏事件推断出来的。1929 年 11 月 18 日，加拿大纽芬兰南部海岸 250 千米外的大浅滩发生 7.2 级地震。不久之后，十几条横跨大西洋的电缆被破坏，加拿大海岸的通信被切断了，造成了巨大的经济损失。

直到 1952 年，纽约哥伦比亚大学的地质学家布鲁斯·海森和莫里斯·尤因检查了每根电缆断裂的时间，他们得出的结论表明，地震导致 200 立方千米的沉积物从海底大陆架上翻滚下来。泥浆和海水的混合物以惊人的速度席卷而下，电缆一根接一根地被冲断。海森和尤因的计算表明，这股“浊流”的速度达到了 100 千米 / 时，在海床上凿出了河岸，沿着大陆斜坡向下延伸了 600 千米。

直至今日，混浊的水流仍在冲击着海底电缆。这些电缆承载着 95% 的国际电话、互联网和数据传输信号，一旦它们被破坏可能会带来大麻烦。危险很多，但我们却没有详细的深海水道地图，这很令人惊讶。利用现有技术，绘制一幅全球深海水道地图可能需要数百年的航行时间。目前，每次当电缆被冲断时，我们仍能发现新的未知水道。

水下河流是如何形成的

在地图上绘制水道是一回事，理解它们却是另一回事。正如你所料，地震引发的洪水有些是短暂的，所以有些水下河流“干涸”了，就像干旱中的陆地河流一样。当然，它们仍然充满了水，但是没有泥浆和沙子流过。

有些是由于堆积在峡谷上游的沉积物在自身重量作用下崩塌而引发的，另一些则是由于陆地河流流入大海造成的。以刚果河为例，当它到达大西洋时，河水中含有丰富的沉积物，可以触发一条水下河流，沿着一条深海水道流入大海。同样，中国的黄河也在流入小浪底水库时形成了一个深渊。

虽然大多数河道看起来是由陆地河流形成的，但有些河道已经被发现出现在海洋的中央，而且还没有人知道它们是如何到达那里的。

混浊、快速的浊流是个很恶劣的家伙:身处其中的仪器通常被摧毁。然而，博斯普鲁斯海峡下的巨大水流显得相当友好。它不像大多数那样混浊。这里没有沉积物，而是充满了来自地中海的盐。这种额外的咸水比周围的水密度大，所以它沿着海平面流动。尽管洋流的组成物质不同于其混浊的同类，但其流动的动力基本相同。

英国利兹大学的杰夫·佩考尔研究过世界各地的深海水道。他还乘坐鱼雷形状的黄色机器人潜艇到达博斯普鲁斯海峡，并首次对通过深海水道的流量进行了详细测量。他发现水下的河流像一条受惊扰的响尾蛇一样蜿蜒曲折。陆地上河流的流动会受制于它周围的地形，但是水下河流是不同的。奇怪的是，靠近赤道的水下河流都非常曲折，而在两极地区则显得更笔直。

这是为什么呢？佩考尔怀疑罪魁祸首是科里奥利力效应，它使风和洋流偏转（见第6章）。由于无法在深海水道进行直接测试，他转而在实验室进行实验。他和多伦多大学的研究人员一起，在一张旋转的桌子上安装了一个2米长的水箱，并将其装满水。科学家们用有机玻璃在他们的“海床”上建造了一条蜿蜒的水道，并注入了浓盐水来模拟混浊的水流。然后他们以不同的速度旋转水箱，模拟地球在不同纬度的旋转，他们发现水下河流的行为方式与陆地河流截然不同。在这两种情况下，水在弯曲处的运动都是由力的组合控制的。陆地上主要是水的重量和当水流弯曲时向外推动的离心力。

但是浊流不是存在于空气中，而是存在于水中。水流的重量被浮力抵消，使得科里奥利力比陆地上的影响更大。这会产生一些奇怪的效果。水流转向河道的一侧，例如北半球向右，南半球向左。在陆上河流的弯曲处，表层水倾向于向外流动，而底层水则倾向于向弯曲处的内部流动。但在一条水下河流里，情况正好相反。

这些变化的水流造成了不同寻常的侵蚀模式和沉积物沉积模式。海峡的一岸（承受水流的一侧）比另一岸大。在科里奥利力较大的两极附近的水道比赤道附近的水道发育得更直。当侵蚀将陆地河流的弯道稳步地推到下游时，海底曲流却依然存在。相反，一旦达到一定的“摆动度”，它们就会筑起高达数百米的垂直堤坝。

在电缆铺设公司和石油公司对深海河流的奇怪行为感兴趣的同时，气候科学家也在密切关注它们。海底水道，特别是那些从陆地河流延伸出来的水道，携带着大量的有机碳，其中大部分有机碳最终被埋藏在沉积物中，直到数百万年后才重新进入大气。科学家们正试图量化碳以何种速率被输送和被掩埋，以及它将如何影响全球碳循环，以便于我们能够更好地理解深海，更准确地模拟气候变化。

8 生命

地球和它的生物居民之间的关系是耐人寻味的，自从生命在大约40亿年前立足以来，它一直在“重新装饰它的家园”。它深刻地改变了地球的大气和岩石的性质。地球与生命的关系也催生了20世纪最具原创性的理论之一。

地球，遇见生命。生命，这就是地球

从目前的情况来看，如果你对生命现象感兴趣，那么只有地球这一个星球值得一游。在这些独特的谜题中，没有哪一个比生命是如何形成的更有趣了。如果它是从地球开始的，也就是说，如果它不是从宇宙的其他地方搭便车来的，那就意味着在某个时刻，一群生命之前的化学物质聚集在一起，形成了一种能够繁殖和进化的东西。这是怎么发生的，到底是从哪里开始的?

最初的线索来自20世纪50年代由斯坦利·米勒进行的实验，他当时23岁，是芝加哥大学的博士生。他宣布，他仅仅通过玻璃管中循环的热空气射出的电火花就制造了氨基酸、蛋白质的组成部分。米勒的火花是原始光的替代品，而含有氨气、氢气、水蒸气和甲烷的热空气，是为了模拟40亿年前的地球大气。

除了产生氨基酸，其他研究人员很快就认为米勒的实验也可以产生腺嘌呤和鸟嘌呤，这是制造核糖核酸（简称RNA）和脱氧核糖核酸（简称DNA）的两种核酸碱基。但米勒又花了43年的时间展示了他的实验是如何产生RNA的另外两种碱基尿嘧啶和胞嘧啶。他和他的学生迈克尔·罗伯逊发现了一种制作大量原始汤的方法。秘密成分是尿素，虽然在最初的实验中生产，尿素的浓度始终不够高，但米勒认为，在地球早期，随着浅水池蒸发，尿素会达到恰好的浓度——这就是“干潟湖假说”。

生命的起点

所以，碳基生命的原料应该是由地球的大气和天气提供的。如何将它们组装成一个有生命力的有机体是一个热门的研究领域，近几十年来，一些理论学家和实验学家探索了每一个可能的化学步骤。这项工作还发现，除了干涸的潟湖之外，地球上其他一些角落也可能是生命的摇篮。

研究人员所设想的最早的有机体并不是我们今天所熟悉的，而是一些更简单的生物。这就是为什么，在第一个生命发展后很久的某个时刻，一个名字叫露卡的单细胞特征出现了，它是地球上所有生物最后一个普遍的共同祖先。我们可以从我们今天在所有生物中看到的共同特征中了解到很多关于露卡的情况，我们知道它用DNA储存蛋白质的配方——例如基因，而这些配方是通过RNA在其细胞内传递的。我们甚至知道这些配方中的很多东西是什么，因为今天在所有细胞中发现的许多重要蛋白质肯定来自露卡。从这些蛋白质的性质来看，很明显，露卡使用了一种叫作三磷酸腺苷（ATP）富含能量的分子来供养细胞，就像我们的细胞一样。

然而，由前生命化学物质直接跳到露卡身上则是一个巨大的挑战。蛋白质在DNA复制中起着至关重要的作用，因此从头开始创造露卡意味着蛋白质和DNA同时产生，这是一个不可思议的惊人巧合。大多数生物学家已经确定了一个中间步骤，即所谓的“RNA世界假说”。RNA可以构成基因——像DNA一样——也可以像蛋白质一样催化化学反应。故事是这样的，RNA或者类似它的东西可以实现复制和代谢任务，比如能量的产生。直到后来，DNA才成为基因和蛋白质的储存库，而蛋白质则接管了新陈代谢。

生命起源的研究人员往往把重点放在仅能利用RNA发挥功能的生物体上，这与从潮湿的大气中制造类似RNA的小分子是一回事。但这些子单元是如何组装成长链RNA，作为基因和催化剂发挥作用的呢？这个问题促使在波士顿哈佛医学院工作的杰克·绍斯塔克和他的同事研究一种叫作蒙脱石的软黏土矿物。

这种黏土的电学特性使得它对短链核糖核酸很有吸引力，促使它们聚集成长链。绍斯塔克和他的团队还发现，黏土可以催化简单的脂肪酸前体，形成类似原始细胞被细胞膜包围的囊泡。细胞膜是活细胞的另一个重要组成部分：它保护细胞内的物质并浓缩化学物质，从而发生反应。研究小组最终发现，附着在蒙脱石上的 RNA 链在形成的过程中可能会被囊泡所吞噬，形成一个实质上的“原始细胞”。

因此，池塘底部的黏土可能是启动生命的工具。但它并不是唯一的角色。英国剑桥大学分子生物学实验室的菲利普·霍利斯特提出，冰可能起到了一定的作用。他和他的团队首次创造了一种长的 RNA 催化剂，可以构建比自身更长的其他 RNA 分子。令人惊讶的是，这个过程在冰晶之间的小口袋中的温度低至 −19 ℃。2017 年，他展示了这样的 RNA 催化剂是如何从水中的 RNA 短链经过冷冻和解冻组装而成的。

而在另一个极端，伦敦大学学院的尼克·莱恩认为，RNA 世界可能出现在海底火山口周围，那里的碱性液体在温度高达 90 ℃的情况下通过海底裂缝上升。在这里，当流体撞击冰冷的海水时，矿物质从溶液中沉淀出来，形成高达 60 米的岩石烟囱，里面充满迷宫般的通道和孔隙。

即使在早期地球上，这些烟囱也会富含铁和硫化物，它们能催化复杂的有机反应。更重要的是，气孔内的温度梯度应该产生了高浓度的有机化合物，并有利于大分子的形成，包括脂肪分子和可能的 RNA。根据莱恩的说法，这里是形成能自我复制的核糖核酸和膜状脂肪囊泡的最佳场所。

最有趣的是，这些喷口可能是通过质子贫乏的碱性液体和富含质子的海水之间界面处的自然质子梯度产生能量的。这与至今驱动细胞产生 ATP 的电化学梯度是一样的，莱恩认为产生 ATP 的细胞机制首先在这些岩石孔隙中形成。

这些想法凸显了生命与地球上不同特质之间可能存在的丰富而复杂的相

互作用。其中哪一个是正确的仍然没有定论，我们可能永远也不会得到答案，尽管大量的研究仍在进行中。当然，还有另一种可能使所有这些想法变得多余：那就是也许地球上的生命从来没有开始过。

宇宙的孩子

生命起源于太空的观点——“胚种假说”——出现于19世纪。20世纪70年代初，当天文学家发现太空中充满了复杂的有机分子时，它变得越来越流行。胚种假说似乎回答了为什么地球上的生命几乎是在行星变成可居住的时候就出现的问题。由前生命化学物质到生物学的转变真的会这么快吗？

这个想法仍然是主流科学边缘的一个未经证实的假设。尽管如此，它仍然有支持者。英国白金汉大学的钱德拉·威克拉马辛赫是20世纪70年代支持胚种假说的科学家之一，她指出，2013年在平流层27千米处发现微生物等证据，这些微生物是在英仙座流星雨期间收集的，它们的高度太高，无法从地球表面看到。

根据威克拉马辛赫的说法，银河系充满了生命，我们的生物圈只是一个巨大的、相互连接的宇宙生态系统的一部分。地球与邻近的恒星系统之间不断地交换着遗传物质甚至是生物。进化的变化很大程度上是由来自太空的新的基因物质驱动的，最有可能是以病毒的形式出现的。

而其他人则没有那么激进，他们只是认为生命最初是在火星上进化的，是通过陨石到达这里的。归根结底，如果胚种假说被证明是正确的，我们将不得不认为地球上的生命形式不仅仅属于地球，而是宇宙的孩子。

如何毒害一个星球

如果说早期的地球促成了生命的形成，那么从那时起，生命就一直在偿还债务。它改变了地球的大气、海洋和地质。没有什么比24亿年前的“大氧化事件”更能说明生命对地球的影响了，这一事件是由光合作用中能够分解水的细菌的进化所引发的。

光合作用是一个将太阳能转化为可供植物生长所需的化学能的过程。简单地说，阳光照射植物，使之释放出电子，而生物有机体利用这些电子和二氧化碳生产出糖和其他碳水化合物。我们发现的最早的光合微生物化石证据可以追溯到34亿年前。

但早期的光合作用并不是我们今天想象的那样。微生物本可以依赖硫化氢等物质作为电子源，产生硫作为废弃物。

然后，大约28亿年前，出现了一组新的微生物，它们采用了我们现在更熟悉的形式。该过程使用水作为电子源，并产生了高毒性的废弃物——氧气。到那时为止，地球上几乎没有这种气体，而且是不需要的。它从细胞内部燃烧细胞，抓住由电子产生的被称为自由基的活性化学物质，自由基在细胞内造成严重破坏。

大约24亿年前，氧气水平飙升，引发全球大规模“屠杀”。大多数厌氧微生物当场死亡，一些幸存者在地下深处或其他缺氧的地方找到了避难所。今天，仍有一些生活在沼泽深处或潜藏在你消化道的肠隐窝深处。

在海洋里，氧气和溶解的铁结合在一起，形成不溶的铁氧化物，沉入海底。今天，我们在西澳大利亚和美国明尼苏达州的广阔条带状含铁岩层中看到了这一结果。随着氧含量的增加，在平流层的高空，来自太阳的紫外线分裂氧分子，形成臭氧层（见第6章）。这一作用保护了生命免受紫外线的伤害，使其能够在不久的将来得以迁移到陆地上。

这组新的光合作用者，可能是今天蓝藻的祖先，它们的大量繁殖在很大程度上是因为利用氧气燃烧碳水化合物作为能量，其效率是不使用氧气的 18 倍。生命正在变得强大，为更多复杂生命形式的进化创造了条件。

能够利用氧气的真核生物在 21 亿—16 亿年前的某个时候到达。它们的生长可能是大气中氧气含量下降的原因，但很快就恢复了平衡（见图 8.1）。后来出现了多种细胞生命形式——包括植物，它们借用了蓝藻的光合作用器官。今天，光合作用直接或间接地产生了地球上生命所使用的几乎所有能量。

盖亚的崛起

生命与地球物理系统的相互作用，产生了 20 世纪最具突破性的科学思想之一——盖亚假说，它以养育生命的“母亲”古希腊大地女神命名。它是具有独立思想的科学家和发明家詹姆斯·洛夫洛克的智慧结晶，美丽简单且吸引人。詹姆斯·洛夫洛克认为地球拥有一个全球规模的自我调节系统，可以使环境适应生命的生存。不过，它是有争议的，既有强烈的支持者，也有强烈的反对者，包括一些人指控它根本不是正确的科学，而是更多地属于哲学甚至宗教。

盖亚的故事始于 20 世纪 60 年代，当时洛夫洛克在美国宇航局，他和同事戴安·希契科克认为火星大气处于化学平衡状态——含有二氧化碳、少量的氮气和很少的氧气、甲烷或氢气。他们将火星大气与我们的空气进行了对比，认为我们地球的大气环境处于化学不平衡状态，二氧化碳和氧气的浓度在不断变化。这种变化的主要驱动力是生命：光合作用将二氧化碳转化为氧气，而有氧代谢则相反。如果没有生命，我们的大气将从富含氧气和维持生命的气体混合

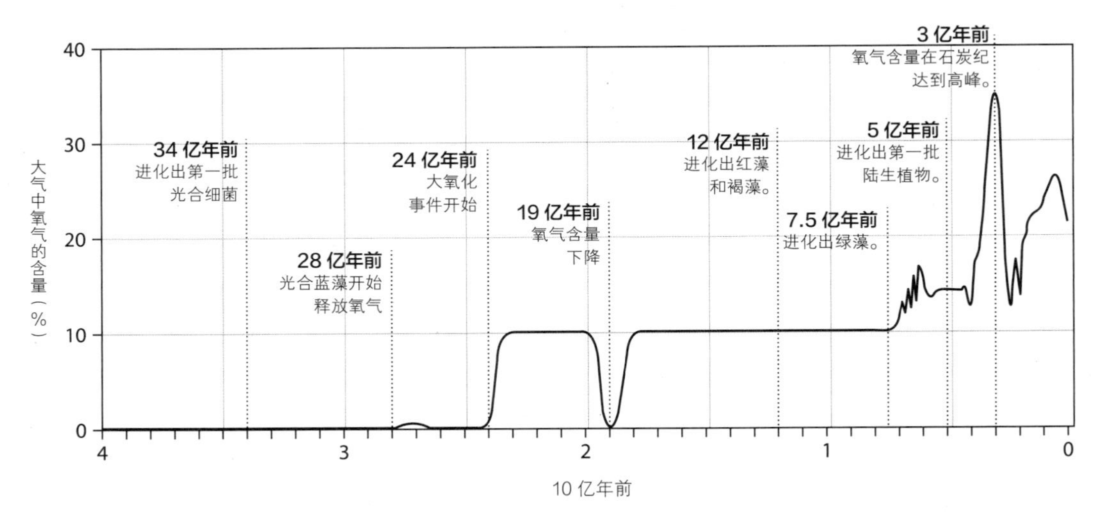

图 8.1　今天地球上的生命在很大程度上归功于氧气在地球大气中的首次出现。24 亿年前存活的大多数微生物都会被氧气的活性杀死

物彻底转变为一种化学平衡的气体混合物，就像火星大气一样，这种气体混合物对生命是有害的。

地球的大气不仅在不断变化，也在欢迎生命的到来，而且数十亿年来都是这样。同样，地球表面的温度、酸度和海洋化学性质似乎已经稳定了数十亿年，在平均值上下徘徊，这使得地球是宜居的。考虑这些发现的意义，洛夫洛克开始设想一个新的生命观点及其与宿主行星的相互作用。

简单地说，盖亚假说认为，生物作为一个整体与物理环境相互作用，不仅使地球适合居住，而且不断改善生物生存的条件。它通过一系列类似于生物体内调节机制的反馈系统来实现这一点，生物体通过这种机制维持稳定的内部环境。那些最能影响行星是否宜居的因素——温度、海水和淡水的化学成分以及大气的组成，不仅受到生命的影响，而且受到生命反馈系统的控制。

在他的第一部著作发表后的 10 年内，他将自己的假设提升到了科学性更强的盖亚理论。在 20 世纪 70 年代中期，他描述了他的观点："盖亚理论认为，温度、氧化状态、酸度、岩石和水的某些特性保持不变，而这一动态平衡是由生物群自动或无意识地通过积极的反馈过程来维持的。"

洛夫洛克最终开始把地球本身称为某种超有机体。他在 1979 年出版的《盖亚假说：对地球生命的新认识》一书中写道："从鲸鱼到病毒，从橡树到藻类，一起构成了一个独立的生命统一体，这个统一体能够使地球的大气层满足它的全部需要，并且所赋有的能力和能量都远在其构成部分之上。"换言之，地球并不只是一颗孕育生命的星球，它本身也是活着的。

这种观点简明而又别致，很快吸引了许多人，包括科学家和非科学家。一些研究人员从盖亚理论中找到一种思考有机成分和元素循环的新方式。一些人追随着洛夫洛克，为"生命调解着地球的环境"这一观点寻求科学支撑。还有些人，主要是非科学研究人员，也从盖亚理论中获得一些新观点，即人类该如何处理地球和其他生命的关系。有些人甚至从这个概念中看到了上帝的脸。

盖亚的多种面孔

至少有三种不同的盖亚假说变体。

优化的盖亚

这种早期的解释仍然是盖亚理论“最强”的版本之一。它指出生命在主动地控制环境条件，包括生物圈纯物理的方面，如温度、海水酸度和大气成分，从而使地球保持最佳的宜居状态。

自我调节（内稳定）盖亚

这是一种较新但稍弱一些的理论。与生命积极地优化地球环境的条件不同，这个理论指出生命建立了一个负反馈系统，它可以使约束生命的因素（如温度、大气中氧气和二氧化碳的含量）保持在特定的范围之内。

超有机体盖亚假说

地球不仅仅是一个维系生命的物理行星，它本身也是活着的。这是对这一理论最有力的解释，但往往被认为是不科学的。

盖亚是真的女神吗?

盖亚理论持续引起科学界的兴趣和争论：已经有多次国际会议专门讨论这个假说。不过，形势正在发生变化。最近的一些发现对盖亚假说提出了严重的怀疑。其中有两项研究线索对它来说具有毁灭性:一项是来自深时的研究——对古岩石的研究，另一项是来自对未来模型的研究。两者都推翻了盖亚预言的关键预测。事实上，如果我们非要选择一个神话中的母亲形象来描述生物圈，那么美狄亚，阿尔戈英雄伊阿宋的恶毒的妻子，或许更合适。她是一个巫师，一位公主，也是杀害自己孩子的凶手。

从深时的发现开始，盖亚的支持者提出的最有力的论据之一是，由于生物引发或造成的反馈，使得行星温度保持稳定，这些“温控器”中最重要的一个是风化循环（见第 6 章）。火山不断喷发大量的高效温室气体二氧化碳进入大气。如果不采取某种方式将其清除掉，地球将经历失控的变暖，最终导致海洋蒸发——遭遇和大约 40 亿年前金星一样的命运。

清除二氧化碳的工作主要是由富含硅酸盐的岩石（如花岗岩）的化学风化完成的。这就驱动了它与二氧化碳的化学反应，将二氧化碳从大气中去除，并将其封存在石灰石中。这种反应的速率随着陆生植物的增多而不断增大，它们的根会分解岩石，让水和二氧化碳渗透进去，植物也可以通过光合作用直接消耗大气中的二氧化碳。

到目前为止，盖亚假说就是这样。但随着科学家对过去的全球气温进行了更精确的估计，盖亚理论所预言的恒定性被发现是不成立的。事实上，由于新物种的进化，地球温度出现了如同过山车一样的剧烈波动。

例如，大约 23 亿年前，地球经历了一次持续 1 亿年的漫长冰期。海洋被完全冻结，形成了一个“雪球地球”（第 2 章）。原因就在于生物本身。新进化的水解光合微生物从大气中吸收了大量的温室气体二氧化碳，以至于使地球陷入了冰冻状态。

最初的多细胞植物进化所带来的第二幕“雪球地球”发生在 7 亿年前。后来，陆地植物的进化给气候带来了双重打击。除了通过光合作用减少二氧化碳外，它们的深根显著提高了风化速率。结果是，在 3.6 亿年前泥盆纪末期森林

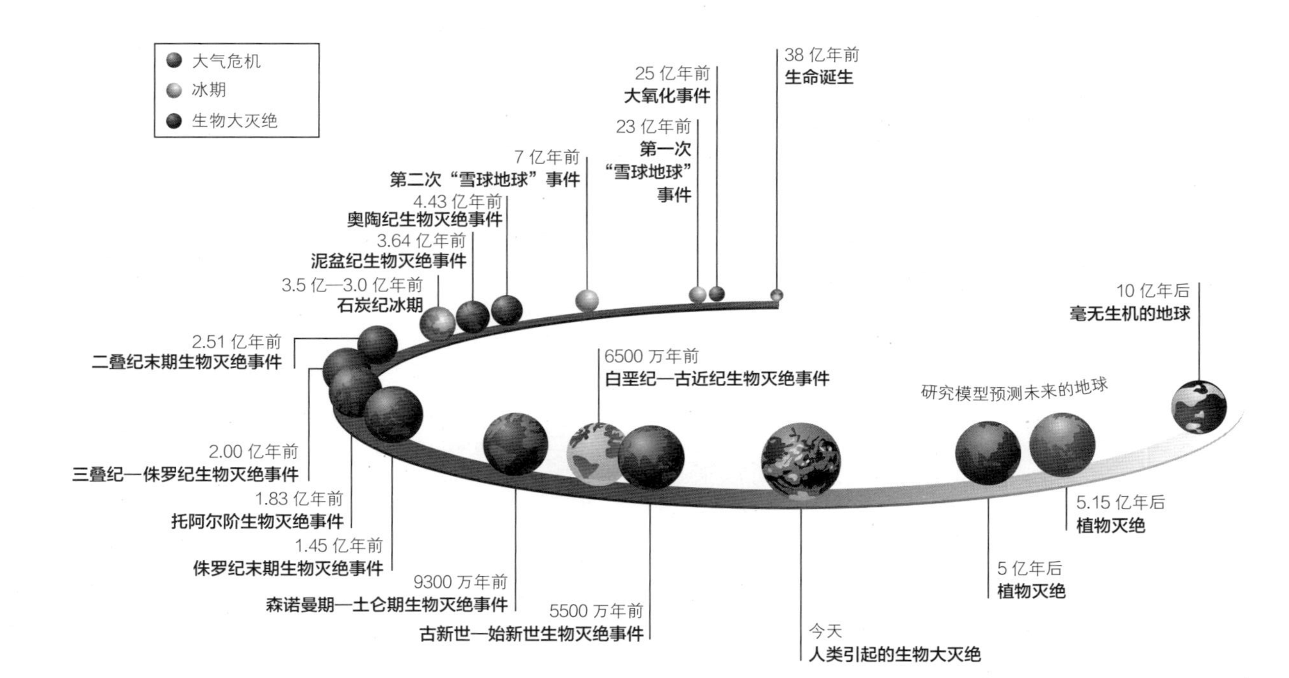

图 8.2 几乎所有的大规模灭绝事件都是由一种生物杀死另一种生物引起的，而白垩纪—古近纪生物灭绝事件除外，人们认为这一次是小行星撞击地球造成的

出现后不久，地球进入了一个持续 5000 万年的冰河时代。这颗温暖、青翠的行星迅速降温，大量生命灭亡。这并不是一个符合盖亚假说的结果。

事实上，自从生命诞生之日起，它就一直能够毁灭自己。查尔斯·达尔文把新产生的生命形式融入这个世界的过程，比喻成一个楔子轻而易举地进入一个狭窄的空间，然后把它逐渐劈开的过程。有些生命形式是这样的，但其他一些则像大锤一样，在它们所到之处把生命之树的所有枝干都砸碎了。

也许最恶劣的美狄亚事件与雪球地球事件一样，是由相同的生物进化促成的：如本章前面提到的大氧化事件。大氧化事件释放出"大规模杀伤性武器"——氧气。生物惨遭不幸。所有幸存下来的都是能够进行光合作用的生物，以及迅速进化的能够耐氧的微生物，或者躲避在某些缺氧空间的微生物。

一些科学家通过对 5.65 亿年前自动物进化以来发生的物种灭绝事件（包括 5 次大规模和大约 10 次小规模）的研究，进一步否定了盖亚假说。大多数这些事件现在被视为"微生物"大灭绝，由大量细菌喷出有毒的硫化氢气体引起。这些细菌在死寂的海洋中茁壮成长，这些海洋是在全球变暖的剧烈时期出现的，如二叠纪末，长时间的火山活动将大量的二氧化碳排放到大气中。

根据盖亚理论，生命本应缓冲这些事件。但事实并非如此。它们的存在似乎在强烈地支持美狄亚观点，恰恰与盖亚假说背道而驰。可以论证的是，与生命史上的许多其他事件一样，由人类引起的生物大灭绝正在我们身边上演着。

展望未来

未来会怎样？在这里，我们也可以反驳盖亚理论，而且这也许是最有趣和最令人震惊的发现。生命似乎在积极地追求它自己的灭亡，拖着地球逐渐走近那个必然到来的一天，也就是回归到它的原来状态：一片死寂。

怎么会这样呢？最主要的原因是太阳在逐渐变热。在过去45亿年中，它的亮度增加了约30%，并将继续增加。太阳的光照变得更热，会引起全球变暖，从而加速岩石的化学风化。与此同时，在光合作用和植物根系的帮助和促进下，大气中的二氧化碳会被更快地清除。

首先，二氧化碳被清除将缓冲太阳引起的增温效应。但是未来一段时间——可能最早在5亿年后，大气中没有足够的二氧化碳来支持光合作用。当那灾难性的一天到来时，我们所知的世界将进入末日。

对生命来说，这些变化将是十分剧烈而又具有灾难性的。植物会枯萎死亡，阻断生物的生产力和大气中的氧气。紧接着，动物也很快死亡。植物的缺失也会导致大气中二氧化碳的重新积累，从而加剧失控的温室效应。

最终，地球表面的温度将超过沸水的温度，最后一种微生物也将消亡。地球将再次失去生命。这是完全有悖于盖亚理论的，因为盖亚理论认为，行星上生命的存在会提高其宜居性，而结果恰恰相反。

如果这些模型是正确的，那么地球上的生命已经进入了老年期。地球在38亿年前开始这场生命冒险，而且至今仍是我们所知的宇宙中唯一的生命体，也许还可以再熬过10亿年。大气中二氧化碳的减少这一长期的、不可避免的过程已经开始了——燃烧化石燃料的影响与之相比则不值一提。对现在来说，盖亚就快要死了，而美狄亚还会活下去。

挑战盖亚假说

对盖亚假说证据的第一次反思出现在2013年的《论盖亚：对生命与地球的批判调查》一书中，作者是南安普敦大学地球系统科学教授托比·蒂勒尔。盖亚的主要论点之一是，生命极大地改变了地球的环境，包括大气和海洋的化学成分。蒂勒尔发现了有关全球环境的生物学变化的大量证据。例如，生命影响着地球的反照率——地球将太阳能反射回太空的程度，其中一种方式是海洋微生物产生二甲硫醚，这是一种在大气中上升并影响云层形成的化学物质。

然而，这种作用长期以来被认为是承认盖亚假说，但结果证明只是一种相对较弱的作用。还有一个问题，生命改变地球环境的能力同样可以支持另一个竞争性的观点。“生命与行星共同进化”假说认为，生命与环境是相互作用的，但并不要求改善或保持地球的宜居性。蒂勒尔没有找到令人信服的理由来支持盖亚假说。

盖亚的机制是什么？如果能看到这一假设是从进化中自然产生的，那么这一假设将立即变得更加合理。蒂勒尔觉得没有充足的理由能让人相信这一点，但却遇到了有趣的“微型盖亚”案例。例如，白蚁窝和黄蜂窝的内部调解温度能力很强，昼夜的温差与外面的空气相比要小得多。这些稳定的内部温度，部分取决于这些社会性昆虫如何定位它们巢穴的方向，但也通过当孵卵温度下降太低或上升太高时的群体行为来实现。

这些都是盖亚在行动中的很好例子，但它们并不能让我们期待类似的事情一定会在全球范围内发生。事实证明，到目前为止，只有在关系密切的个体中才能观察到对共享环境的共同调节，而全球生物群则因为基因极为多样化，结果则恰恰与此相反。

蒂勒尔得出结论说，盖亚假说并不能准确描述出我们的世界是如何运作的。这颗行星不像盖亚所说的那么稳固，反而更加脆弱。虽然这个美好的想法不成立可能令人遗憾，但他认为，我们应基于对地球系统运行方式的准确了解而不是通过有缺陷的方式来解决环境问题。

9

欢迎来到人类世

1950年1月，艾萨克·阿西莫夫出版了他的第一部科幻小说《苍穹一粟》，美国歌手史蒂维·旺德诞生。而对一些科学家来说，地球则进入了一个新纪元。人类世是以人类命名的，当我们的人口数量和活动达到一定的规模，开始对地球的地质、大气、海洋和生态系统产生深远的影响，人类世就开始了。

人类的时代

自 11 700 年前上一次冰期以来，地球一直处于全新世，这是地质年代表的最新纪元。但现在已经被取代了吗？我们人类对地球的重塑是否达到了我们应该拥有自己时代的程度？

2017 年 9 月，人类世的概念向被大众普遍接受上迈出了重要一步。经过 8 年的深入研究，一个由科学家组成的工作小组建议在我们的地质年代表上增加人类世。

最终的决定权在国际地层学委员会。为了说服它接受这个建议，人们还需要做更多的工作。首先亟待解决的一个问题是：在地球上的什么地方能够找到我们人类世出现的最佳标志？

不同地质时代之间的分界点都是——或最终将是——全球年代地层单位界线层型剖面和点位，有时称为金钉子。这是一个研究人员已经确定的地方，以最佳的视角向我们展示了这个世界从一个被命名的地质时代进入下一个被命名的地质时代（见第 2 章）。

例如，如果想看到从恐龙繁盛的白垩纪到古新世的界线，建议你去突尼斯的卡夫。如果想了解从二叠纪进入三叠纪史上最大一次生物大灭绝，你可以前往中国的浙江省。

地质学家们会选哪里作为人类世开始最具标志性的地方呢？据国际地层学委员会人类世工作组的召集人、英国莱斯特大学的简·扎拉西维奇说，最初他们进行了广泛的搜寻，有很多地方可以作为筛选对象，包括湖泊、缺氧的海盆和冰层。

但是，做出决定非常困难，因为人类迈入人类世的时代离现在太近了。理想情况下，金钉子应该是一个物质稳定积累的地方，那里的物质——比如冰或沉积物——足以给我们提供可辨别的年复一年的记录。它也必须是一个不受自然侵蚀或人类活动破坏的地方。

还有一个需要考虑的问题：什么样的“标志物”最能证明人类世的到来？地质边界通常与全球事件而不是与原始日期相关。例如，白垩纪末期由广泛分布的地外铱层和小行星撞击引起的一系列灭绝事件所定义。所有这些都可以在突尼斯卡夫的沉积层中清楚地看到。

寻找人类世的金钉子

人类世的出现可能与20世纪中叶无数原子弹试验的放射性钚的含量激增有关。或者，也许它的标志是塑料首次出现在海底和湖床上累积的泥层中。

许多信号可能会发挥作用。例如，人类世之前的全新世，有一棵来自格陵兰岛冰原的金钉子，它保留了上一个冰河时代末全球变暖的同位素特征。世界上还存在一些起到辅助作用的地点，包括来自日本一个湖泊的沉积物岩芯，它捕获到了与全球气温上升相关的花粉变化情况。

但最初的问题仍未解决。选择突出人类世不同方面的地点并不能给我们一棵明确的金钉子。那它会在世界上的什么地方呢？

人类世工作组的另一位成员，英国地质调查局的科林·沃特斯认为，加利福尼亚海岸的圣巴巴拉盆地和委内瑞拉海岸的卡里亚科盆地值得考虑。这二者都以稳定的速率积累沉积物，很可能含有钚的记录，它们也不太可能受到人类活动或其他过程的干扰。

另外，我们还可以选择洞穴中的石灰岩沉积物，比如石笋或钟乳石。它们能够提供碳同位素记录，记录下人类活动对大气的影响。人类世也有可能像全新世一样，最好是在格陵兰岛的冰芯中寻找标志。

也许地球上标志人类世开始的最令人心酸的地方是珊瑚礁。扎拉西维奇认为，有一种生长速度特别快的珊瑚名叫滨珊瑚，它那如同树木年轮一样的生长纹，向我们提供了从全新世向人类世过渡的高度清晰，而且坚实可靠的化学记录。

我们都知道珊瑚礁因全球变暖和海洋酸化所面临的威胁。沃特斯认为，选择从加勒比海等地采集珊瑚保存在博物馆里是一件很有诗意的事情，因为它是地球上最能记录人类活动开始改变整个地球时刻的一件物品。

人类影响的标志

即使人类在数千万年后消失，在地球的地质记录中仍然会有我们保存下来的清晰迹象。正如我们所了解的，钚和其他放射性同位素的沉积正是人类对地球产生巨大而深远影响的开始。当然，还有其他一些潜在的标志物……

化石燃料

燃烧化石燃料的产物将是人类世的一种明显特征。目前的碳排放率被认为高于过去 6500 万年的任何时候。大气中二氧化碳的浓度自 1850 年以来急剧上升，现在约为百万分之四百一十，这将记录在格陵兰岛或南极洲那些在全球变暖中幸存下来的冰盖里面。燃烧化石燃料也提高了碳 -12 与碳 -13 的同位素比率。它们在树木的年轮、石灰岩以及骨头和贝壳的化石中都可以检测到。我们消耗燃料也将碳微粒扩散到空气中，这些碳微粒会被沉积物和冰川冰捕获。

新材料

我们这个时代最大的标志之一可能是我们每天使用的三样东西：混凝土、塑料和铝。铝元素在19世纪以前是未知的，但我们现在已经生产了大约5亿吨铝。混凝土已经存在了很长一段时间，它是由罗马人发明的，但在20世纪，它成为我们最广泛使用的建筑材料。我们现在已经生产了大约500亿吨这种材料——足以在地球上的每平方米都铺上1千克——其中一半以上是从19世纪90年代开始生产的。自19世纪50年代以来，塑料的产量迅速增加，我们现在每年的产量超过3亿吨。含有这些物质的沉积物将是人类世的一个明显标志。

地质变化

每次我们破坏一片雨林，它就改变了地球地质的未来。到目前为止，我们为了一己之利已经改变了地球50%以上的土地面积。森林砍伐、农业、钻探、采矿、垃圾填埋、水坝建设和海岸开垦都在大范围地扰乱沉积过程，破坏了岩层的形成过程。

肥料

我们努力养活快速增长的人口，这同时也留下了清晰的标记。土壤中的氮和磷的含量比20世纪翻了一番，因为我们越来越多地使用肥料。我们每年生产2350万吨磷，是全新世的2倍。人类活动对氮循环的影响可能是25亿年来最大的，与全新世相比，活性氮（除了非活性氮）的含量增加了120%。

全球变暖

人类活动引起的气候变化在未来将很容易区分。20世纪，地球温度上升了 0.6 ℃ ~ 0.9 ℃，超过了根据格陵兰冰芯中的氧同位素计算的全新世的自然变化量。全球平均海平面比过去 11.5 万年的任何时候都要高，而且正在迅速上升，这一事实在未来也可以被探测到。

大灭绝

只要生命存在，生物灭绝就不可避免，但大规模的全球变化引发的大规模灭绝标志着几个地质时期的结束和开始。越来越多的证据表明，人类的广泛活动已经引发了地球历史上第六次大规模灭绝事件，未来几个世纪将有 3/4 的物种灭绝。未来的古生物学家将会注意到，随着人类世的到来，许多物种从化石记录中突然消失。

塑料瘟疫

除了在沉积物中留下它们的痕迹以供将来的地质学家发现外，人类世的一些标志物如今正在对地球系统产生真正的威胁。其中一种是 19 世纪 90 年代末才出现的。塑料无疑是非常有用的材料，然而我们对塑料的过分依赖，再加上不愿意回收利用，造成了全球范围的问题。这让一些人开玩笑地说，新人类时代真的应该被称为“塑料世”。

在每年生产的 3.2 亿吨塑料中，大约 1/3 在使用后不久就被扔掉了。很多被掩埋在垃圾填埋场里，可能会留在那里，但大量的垃圾最终被埋在海洋里。其中一些被冲到海滩上或被野生动物吃掉，更多的都留在海里，在那里它会被分解成更小的碎片。然而，我们对其最终命运的认识是模糊的。我们才刚刚开始认识到海洋中有多少塑料污染，以及它对海洋和海洋生物健康的影响。我们还需要发现，在遥远的将来，塑料碎片究竟会完全分解，还是会留下永久性的疤痕。

塑料问题的严重性在 1997 年凸显出来，当美国海洋学家查尔斯·穆尔从夏威夷航行到加利福尼亚时，他遇到了一大片漂浮垃圾，现在被称为“大太平洋垃圾带”。很快，人们发现其他海洋也含有类似的垃圾。

这些垃圾带是由表层洋流或涡旋形成的，这些洋流或涡旋在赤道两侧形成一个大圆圈（见第 7 章）。就像面条聚集在一碗搅拌过的汤的中心一样，在这些水流中捕获的任何东西都有可能漂到中间。5 个最大的海洋碎片集中在印度洋、北太平洋、南太平洋、北大西洋以及南大西洋（见图 9.1）。2014 年，穆尔报告说，他在太平洋环流中发现了一个地方，那里有很多垃圾，他甚至可以在上面行走。

衡量塑料对海洋的污染程度是很困难的。由加利福尼亚圣莫尼卡五环流研究所的马库斯·埃里克森领导的一个国际研究小组，收集了 6 年来由科考船后面拖网捕获的塑料量的数据。研究小组估计，有 5.25 万亿块塑料漂浮在海上，总重量 26 万吨。大多数是桶、瓶子、袋子、一次性包装盒以及聚苯乙烯泡沫等比较大的东西。

根据行业贸易机构泛欧塑料工业协会的数据，2015 年全球塑料产量达到 3.22 亿吨。鉴于制造商生产原生材料往往比回收塑料更便宜，这种材料在使用后很多都被扔掉了。因此，我们关于漂浮塑料的最佳数据不到每年塑料产量的 0.1%。

这就提出了一个耐人寻味的问题：为什么我们没有发现更多的塑料呢？所有的塑料都去哪儿了？答案可能是，塑料的分解速度比我们想象的要快，因为阳光和波浪的作用会将塑料分解成小块。那一部分消失的塑料可能以极小的颗粒物形式悬浮于水中。埃里克森的研究小组估计有 35 500 吨直径小于 5 毫米的塑料颗粒。

这个数字似乎很低，对此有一些可能的解释。直径小于 1/3 毫米的塑料颗粒会漏过拖网，因为网孔太大，所以大量的塑料可能被忽略了。英国普利茅斯大学的海洋生物学家理查德·汤普森认为，大量的塑料可能被封冻在冰里。2014 年 6 月，他的研究小组报告说，在每立方米北极海冰中发现了高达 234 个

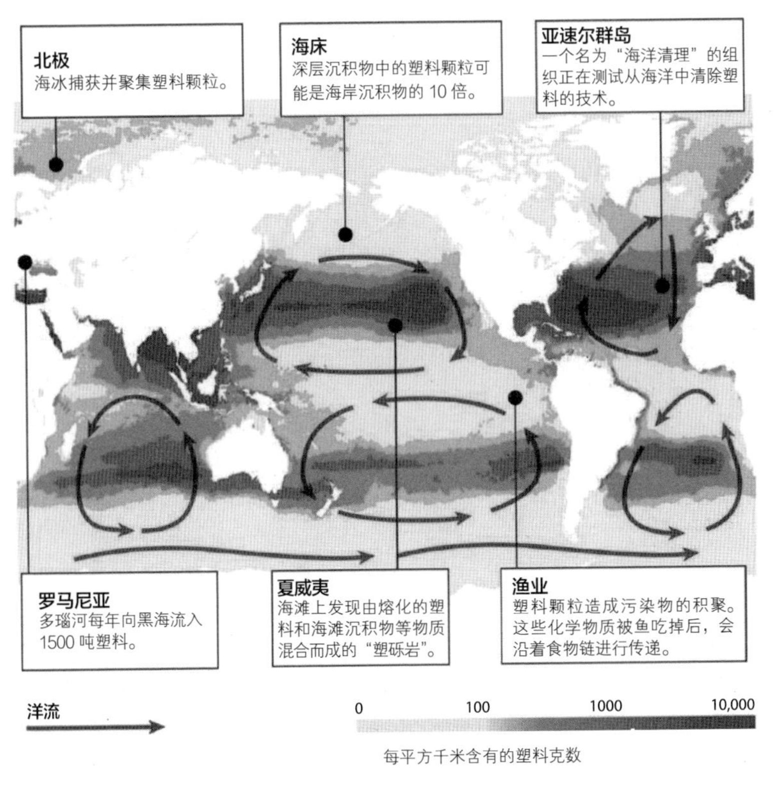

图 9.1 海洋中的大部分塑料垃圾都出现在人口稠密的海岸线附近，而更远的地方则集中在 5 个大区

塑料颗粒，这比受到严重污染的环流水域高出几个数量级。他认为，海水在变成淡水冰时，会捕获并浓缩这些小颗粒。考虑到大约有 600 万平方千米的海冰，所以可能会产生一个巨大的塑料库。如果冰融化了，这种物质就会被释放回海里。

汤普森和他的团队还发现了另一个塑料堆积的地方。他们公布的数据显示，在大西洋、地中海和印度洋的深海沉积物中，微小的塑料碎片和其他聚合物（主要以纤维形式存在）的含量是地表水中的 10 000 倍。每立方米样品中含有多达 80 万个颗粒。尽管获取的样品数量很少——只有 12 块沉淀物岩芯和 4 块珊瑚——但它们都含有塑料碎片。

被吃掉的塑料

我们还需要发现微小的塑料碎片对海洋生物和更广泛的食物链的全部影响。我们知道，大型动物，包括鸟类、海龟、鱼类和鲸鱼，会把塑料垃圾和食物混淆起来。一旦胃被堵塞，它们就会窒息而死或饿死。但塑料对较小海洋生物的影响则要复杂得多。

对一些微生物来说，塑料相当于酒店的自助餐桌。海洋中任何一个坚硬的表面都会成为营养物质的聚集地。这就是为什么巨大的漂浮塑料筏吸引了很多种生物，创造了一个被称为“塑料生物圈”的新生态系统。

这些生物中有弧菌属的细菌，其中包括几种致病物种，尤其是导致霍乱的病菌。病毒也可能在塑料上找到一个归宿，这并不奇怪，因为水中的病毒浓度远远高于微生物细胞。

也有证据表明，塑料微粒正在进入食物链。即使没有病毒和细菌，塑料微粒对鱼类也不是好东西。它们可以降低食物吸收的效率，当它们分解时，释放出有毒的阻燃剂、邻苯二甲酸盐和可以模拟激素的双酚 A 等多种物质。塑料还可以像海绵一样吸收海水中的化学物质，吸收有机污染物，包括多氯联苯（PCBs）和如滴滴涕（DDT）等杀虫剂。研究表明，粘在塑料上的污染物会毒害鱼类。对于食用这些鱼的人来说，很显然，你要当心！

堵住水流

大量的塑料通过河流进入海洋。这些废物的主要成分是合成纤维服装洗涤过程中释放的纤维和许多化妆品中使用的塑料微珠。垃圾处理厂无法将它们过滤掉，因此它们最终流入河流。

2014 年，伊利诺伊州研究表明，这些微小的塑料球是漂浮在五大湖表面的常见污染物后，通过了世界上第一个禁止使用塑料微珠的禁令。从那时起，以加拿大为首的国家政府开始执行禁令。一些制造商也采取了行动：联合利华、高露洁、宝洁和强生都承诺要消除产品中的塑料微珠。慢慢地，潮流开始转向其他塑料产品。在一些国家，塑料袋被贴上价格标签，旨在阻止购物者使用它们。2017 年，英国政府宣布要进行一项调查——如何更好地控制“一次性”容器的数量，如外卖纸箱和饮料瓶。2018 年 1 月，英国禁止在化妆品和清洁产品中生产塑料微珠，紧接着又禁止销售。同时，一些组织希望从大洋环流中捕捞塑料。2014 年，一个名为“海洋清理”的组织在大西洋亚速尔群岛附近完成了一个浮式吊杆系统的实验。根据实验结果，该组织估计，在 5～10 年内，单个旋涡中的漂浮碎片可以在不伤害野生动物的情况下被清除，并计划于 2020 年开始在全球清理。

10

气候变化

急剧的气候变化不仅是人类世开始的一个潜在标志，如今它正以令人担忧的方式让人感受到它的存在。人类是罪魁祸首的观点在一些圈子里仍有争议，那么科学对这个问题有什么看法呢？我们是否应该受到指责，我们能否阻止全球气温进一步上升，如果不能，可能会产生什么后果？

不祥之兆

有一件事是肯定的，人类世将以急剧的气候变化为标志。地球表面的平均温度从工业革命开始以来上升超过 1 ℃，这一速度远远超过了整个全新世所看到的任何自然变化。过去几千年来相对稳定的全球平均海平面开始加速上升。

我们无法准确预测气候变化将产生什么样的影响，主要是因为我们不知道未来人类将如何改变环境。然而，迄今为止的科学发现让我们对各种情况下可能发生的事情有了一个很好的认识。

温室气体正在使地球变暖

从融化的冰川和早期的泉水，到逐渐升高的树线（天然森林垂直分布的上限）和不断变化的动物活动范围，许多证据都通过温度计告诉我们一个事实——地球正在变暖。

对此有两种可能的解释：更多的热量正在到达地球，或者更少的热量正在逃逸。不过可以排除第一种解释，太阳进入地球大气层的能量在一个典型的 11 年太阳活动周期内的变化约为 0.1%，但卫星数据显示，这一数值没有增加，所以无法解释近几十年来气温上升的原因。我们还有第二种解释：逃逸的热量越来越少。

这可能有几个原因。其一是二氧化碳和甲烷等温室气体含量的上升。这些气体吸收红外辐射的特定频率热量——否则会逸出到太空（见第 6 章）。它们将部分能量重新辐射到地球表面和低层大气。温室气体的含量增多使上层大气温度降低，意味着更少的热量被辐射到太空，地球因此变暖。

自 19 世纪工业时代开始以来，大气中的二氧化碳含量从 280×10^{-6} 上升到

2017 年的 408×10^{-6}。卫星测量显示，二氧化碳和其他温室气体吸收的频率中，较少的红外辐射正在逃离地球，更多的红外辐射被反射回地球表面。

进一步的证据来自对地球古气候的研究，这些研究显示，每当二氧化碳水平上升时，地球就会变暖。虽然影响地球气候的因素很多，但有确凿的证据表明，二氧化碳含量的上升是最近气候变暖的主要原因。

其他污染物正在使地球降温

我们向大气中注入各种物质。一氧化二氮和氯氟烃像二氧化碳一样使地球升温。黑色的煤烟通过吸收热量使物体变暖，但通过遮阴会给地球降温。然而，其他污染物将太阳的热量反射回太空并使其降温。

大火山喷发后，会向大气中喷发二氧化硫，比如 1991 年的菲律宾皮纳图博火山，导致地球略微降温一两年。但与二氧化碳不同的是，二氧化硫的影响时间很短，因为在空气中，二氧化硫会形成由微小水滴组成的气溶胶，然后很快就会下雨。

燃烧含硫矿物燃料增加了大气中二氧化硫的含量。在 20 世纪 40 年代到 20 世纪 70 年代，这种污染非常严重，以至于抵消了部分二氧化碳的变暖效应。但随着西方国家减少硫排放以应对酸雨，抵消作用已有所下降。

地球将变得更热

在一个没有水或生命的星球上，将大气中的二氧化碳含量增加 1 倍，将使其升温约 1.2 ℃。即使没有气溶胶的复杂影响，地球上的情况也不是那么简单。

我们以水为例，水蒸气本身是一种强大的温室气体，当大气变暖时，它可以容纳更多的物质。一旦更多的二氧化碳进入地球的大气层，其升温效应就会迅速放大。

这并不是唯一的“正反馈”效应。气候变暖导致积雪和海冰迅速消失，它们都能将阳光反射回太空。结果是，更多的热量被吸收，加剧变暖。如果从更长的时间尺度来看，这会造成植被的变化，也将影响热量的吸收。巨大的冰原会融化，进一步降低地球的反射率。除非发生大火山爆发之类的灾难，否则地球将大幅变暖。但是变化的程度有多大？

要了解复杂的反馈结果在地球气候变化中的作用，有一种方法是使用计算机模拟，另一种方法是看看过去二氧化碳的变化是如何影响我们的气候的。但这两种方法都有局限性。例如，我们很难弄清楚过去的气候是什么样的，而且二氧化碳的含量从来没有像现在上升得那么快。

气候模拟和对过去的研究表明，二氧化碳的含量翻倍会使地球变暖大约 3 ℃——这是一个衡量标准，被称为“气候敏感性”。然而，对古气候的研究表明，气候敏感度为 6 ℃或更高。造成这种差异的一个原因是，气候模拟只包括“快速”反馈，如云层变化。他们忽略了长期的反馈，比如冰盖覆盖范围的变化。

这意味着，气候模拟可能会让我们很好地了解未来几十年的变暖程度，但却低估了较长时期内的变暖程度。研究表明，如果一切照常进行，到 2080 年或 2100 年，地球将变暖 5 ℃。随着温室气体排放量的大幅削减，升温可能会限制在 3 ℃左右。截至 2017 年冬季，我们似乎正朝着这两个数字之间的某个方向前进。

海平面将上升许多米

当海洋变暖时，它们会扩张。陆地上的冰川在融化或滑入海洋时，也会抬高水位。如果格陵兰岛和南极洲的所有冰川融化，海平面将上升 60 多米。

今天，我们正处于冰河时代结束的温暖期。在过去 50 万年的间冰期中，当时的温度比现在高不到 1 ℃，海平面比现在高 5 米左右。大约 300 万年前，当时的气温仅比工业化前高出 1 ℃ ~ 2 ℃，海平面比现在至少高出 25 米。

因此，即使是相对较小的气温上升，实际上也会导致海平面大幅上升。人们更关心的问题是还需要多长时间。直到最近，人们还认为格陵兰岛和南极洲的大冰原要经过好几个世纪才会有明显的融化。但是观察显示它们的反应比我们预期的要快得多。冰盖模型也预测到冰川的快速流失。根据这些发现，2017 年的一项研究得出结论，到 2100 年，海平面可能上升 3 米之多。

同样令人担忧的是，这些研究揭示，在某些地方，一旦这些冰盖开始融化，这一过程将是不可逆转的（除非经历另一个冰期）。现在阻止海平面上升至少 5 米可能已经太迟了，而且我们很快就会面对海平面最终上升 20 米。

为什么天气会变得狂暴

海平面上升将影响到生活在低洼沿海平原和城市的数百万人。对其他人来说，气候变化最直接的影响是对天气的影响。我们似乎确实遇到了更多极端天气。

2003 年的热浪深深地铭刻在许多欧洲人的记忆中，它造成了数万人死亡。2010 年，俄罗斯遭受了更严重的热浪袭击，造成 7 万人死亡。2012 年美国的“3 月之夏”，美国中北部各州的气温骤增。密歇根州佩尔斯顿的气温达到了创纪录的 29 ℃，远远超过之前的记录 17 ℃。2017 年的飓风季节是有记录以来造成损失最严重的。

气候科学家们早就警告说，全球变暖将导致更多的热浪、干旱和洪水。然而，最近的一些极端情况，如 3 月的夏天，远远超出了我们气候模型的预测。但也有极端寒冷的天气出现。在罗马，当 2012 年 2 月一场大冰冻袭击欧洲时，古老的纪念碑轰然倒塌。在撒哈拉沙漠的北部边缘，利比亚的黎波里的街道被积雪覆盖。2016 年 1 月，创纪录的寒冷天气袭击了东亚：在日本，冲绳有史以来第一次出现了雪；中国的台湾有 85 人死于低温和心脏病发作。

研究表明，由于人类活动，我们的天气变得越来越疯狂——不仅持续升温，而且变化无常。这只是昙花一现的偶然现象，还是随着全球变暖加剧我们将永远面对更加反常的天气？

即使在气候不变的情况下，我们的天气变化也很剧烈。每个夏天都不一样。取每年夏季的平均气温，你会得到一系列散布在长期平均值上的数字，其分布模式多少有点像钟形曲线。

在过去的一个世纪里，地球表面温度平均上升了 0.8 ℃，让我们平日里习惯的天气变得更加温暖。凉爽的夏季变得不太可能，极端酷热夏季出现的概率增加（见图 10.1）。

倾盆大雨

气温上升导致各种极端天气的出现。随着气温的升高，空气保持更多水分的能力呈指数增长。这意味着当下雨时，它会引发一场洪水，增加发生灾难性洪水的可能性。

洪水不是唯一的结果。当水蒸气聚集形成云时，它会释放潜热，而这种潜热是大多数风暴（雷暴、飓风等）的动力（第 6 章）。

2014 年，联合国政府间气候变化专门委员会指出，人类的影响与强降水事件的增多有关。研究理论还表明，任何一场风暴一旦形成都会变得更强大，因为它们可以获得更多的热量。正如我们在 2017 年在加勒比海看到的那样，随着风速的增加，风暴造成的损失迅速上升。

理论

在一个稳定的气候中，温度应该符合钟形曲线——最有可能出现的是平均气温，而很少出现极端的冷热现象。

如果气候变暖，这种概率分布将发生变化。即使在最简单的情况下，如果分布发生变化但形状不变，中等热量的概率也会略有增加，而极端热量的概率则会大大增加。

从理论上讲，如果天气变暖时变化无常，这种分布不仅会发生变化，而且还会扩大。更糟的是，这意味着极端高温的可能性会有更大的增加，但是极端寒冷也会偶尔发生。

到底发生了什么

北半球的陆地温度表明，随着地球变暖，钟形曲线正在移动和扩大。

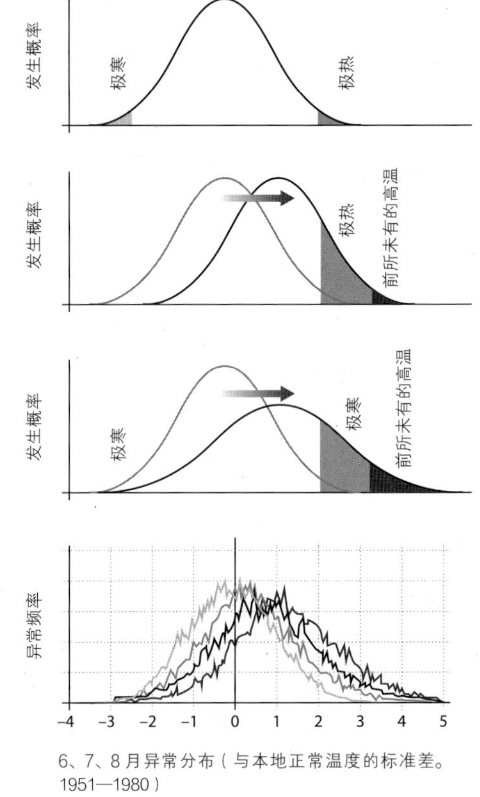

—1971—1981 —1981—1991
—1991—2001 —2001—2011

图 10.1 天气发展的方式看起来好像我们将遭受更多的极端高温，但仍有极度寒冷的时期

意料之外

简单的物理学原理告诉我们，全球变暖会使极端天气变得更加极端，比如更强烈的风暴、更热的热浪、更干燥的干旱和更大的暴雨。这确实是正在发生的事情，除此之外，近年来，一些打破纪录的事件令人瞠目结舌。

2003 年欧洲的气温比 500 年来任何一个夏天都高。德国波茨坦研究中心的斯特凡·拉姆斯托夫指出，在瑞士，夏季平均气温比先前的纪录高出 2.4 ℃。打破某一天的纪录不值得大惊小怪，但是整个夏天的平均气温都如此温暖是非同寻常的。俄罗斯 2010 年热浪的凶猛程度同样令人惊讶。

毫无疑问，情况会变得更糟。然而，尤其令人担忧的是，极端情况的增多不能仅仅用我们迄今为止记录的全球变暖来解释。像 2003 年和 2010 年热浪这样的事件预计只有在 21 世纪末更大幅度地变暖之后才会发生。尽管一两件怪事可能会被认为是简单的厄运，但近年来却有许多怪事令人怀疑。

纽约州哥伦比亚大学地球研究所的气候科学、认识和解决方案项目负责人詹姆斯·汉森分析了全球各地的气温记录，把 6 月、7 月和 8 月汇总起来，得到这一时期的总体气温。结果表明，与 1951—1980 年相比，地球表面越来越多的区域每年都会出现高度异常的极端高温。

这在很大程度上正是全球变暖的预兆。然而，汉森的分析显示，天气不仅变暖了，而且变化无常。从 1951—1980 年，全球夏季气温的平均变化范围为 0.55 ℃，从 1981—2010 年，上升到了 0.58 ℃，有些地区，特别是远离海洋稳定影响的地区，气温的变异性和上升幅度更大。把它投射到未来，我们已经有了比仅仅是平均气温上升更令人担忧的原因了。

减缓急流

我们所经历的怪异天气不仅仅是不断升高的气温。你不需要成为气候专家就可以断定，热浪不会在的黎波里造成降雪。然而一些研究人员认为，他们知道这可能是什么原因造成的——一股懒洋洋的急流。

急流是高速风，在 7 千米到 12 千米的高空划出一条穿过大气层的路径（见第 6 章）。最强的是两个极地急流，每个半球一个，这是由暖热带和寒冷极地之间的温度差异驱动的。在热带地区，气温升高会使空气膨胀：新泽西州罗格斯大学的珍妮弗·弗朗西斯说，好像有一座山从热带向两极倾斜。

重力将部分空气拉向两极。由于地球自转，空气偏向一侧，这就是推动极地急流由西向东流动的原因。

急流的位置并不固定。它们四处移动，向南或者向北移动，也可能发展成大的曲流或波浪。人类现在正在干扰大气层的这一重要组成部分。北极变暖的速度远远快于地球其他地区，部分原因是北极反射阳光的冰雪正在融化，暴露出暗色、吸收阳光的陆地和海洋，热带与北极之间的温差降低。2009 年，弗朗西斯表示，在北极海冰较少的夏季——海洋吸收的热量越多，大气山的坡度就越小——驱动北极急流的引擎正在减弱（见图 10.2）。

随着急流的减速，它走上了一条更加曲折的道路，蜿蜒的曲流移动得更加缓慢。这一点至关重要，因为急流推动着我们在全球各地所经历的天气系统。因此，当一条气流的位置变化得更慢或在一个地方停留数周（气象学家称为“阻塞形式”）时，天气就更可能变得极端。

如果这条急流引导着一个又一个的低压系统向你吹来，那么你就会全身湿透——如同 2012 年的英国一样，当时的英国经历了百年不遇最潮湿的 4 月，发生了大规模的洪水。同样，地球上的一些地方也会被一个巨大的“舌头”卡

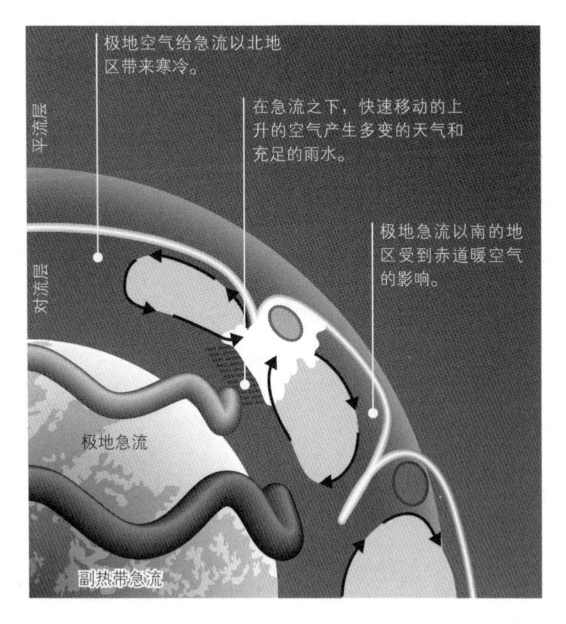

图 10.2　极地急流的位置决定了北半球中纬度地区的天气

住，要么是夏天从热带向北延伸的干热空气，要么是冬天从北极向南延伸的冰冷空气。

近年来，“阻塞形式”在北半球的大部分极端天气中起到了一定的作用，包括一些寒冷的冬季天气、2003 年的欧洲热浪和 2012 年 3 月的美国夏季。

其他研究人员证实，急流正在减弱，并表明这将导致更多的阻塞事件。现在，弗朗西斯发现了北极变暖的另一个影响：北半球比南半球变暖更加显著，使得高压脊的北部向北延伸得更远。同样，这使得急流的曲流变得更加极端。把温暖的空气带到更远的北方，把冷空气带到更远的南方，如罗马和的黎波里。

激发因素

很可能还有其他尚未确定的机制导致了我们现在的恶劣天气，或者随着世界进一步变暖，这些机制可能会启动。例如，海洋以一种被称为厄尔尼诺-南方涛动（ENSO）的大致周期性模式与大气关联，在这种模式中，温暖海水在太平洋表面来回流动，部分原因是信风的变化。

这种涛动的一部分，厄尔尼诺现象，发生在温暖的太平洋海水向东扩散的时候。它温暖了全球，产生了广泛的连锁反应。2014 年至 2016 年间发生的厄尔尼诺现象比较严重，使埃塞俄比亚和索马里的旱情恶化，导致非洲南部的耕作季节持续干旱。越南、印度尼西亚和太平洋上的许多岛屿也遭受了厄尔尼诺所造成的干旱。据联合国有关报告，这一事件让 6000 万人遭受了饥饿和痛苦。

有一个大问题是，随着气温的升高，情况是否会变得更糟。如果厄尔尼诺-南方涛动与其他气候振荡不再像以前那样持续，而是随着世界变暖规模变得更大，会怎么样？斯特凡·拉姆斯托夫说，虽然目前还没有证据表明这一点，但由于我们正在改变整个气候系统的能量平衡，所以如果这些变化模式没有改变，那将是令人惊讶的。

关于云的难题

正如我们在第 6 章所看到的，云是捉摸不定的，很难研究。这些特点也给气候变化科学家们提出了挑战。目前，云层的整体效果是相当于全球的隔热板，把那些烘烤地球和毁灭生命的阳光反射回去。最大的问题是，当地球变暖时，这个隔热板究竟会发生怎样的变化。

它可能会变得更强，反射更多的光，减缓地球变暖的趋势；它也可能会减弱，这意味着地球变暖的速度加快。它到底会朝哪个方向变化，这是非常关键的，因为它可能意味着22世纪地球会比现在升高3 ℃——非常糟糕但可能还可以生存，或者升高6 ℃——则是灾难性的了。

所有的云都以长波红外辐射的形式吸收它们下面的热量，这就是为什么多云的夜晚气温比晴朗的夜晚气温下降得少。但是云层也会把一些阳光直接反射回太空，不太明显的是，它还是一种辐射源，从顶部向太空辐射红外线。所以云就像是一把遮阳伞、一条毯子或者一个散热片（见图10.3）。

云的整体影响取决于它们的高度和类型。低层云给地球降温：虽然它们吸收了一些热量，但也反射了很多，它们相当温暖的云顶向太空释放了很多热量。高层云从较冷的云顶释放的热量要比低层云少得多，而且反射的热量也很少，所以它们有助于地球变暖。

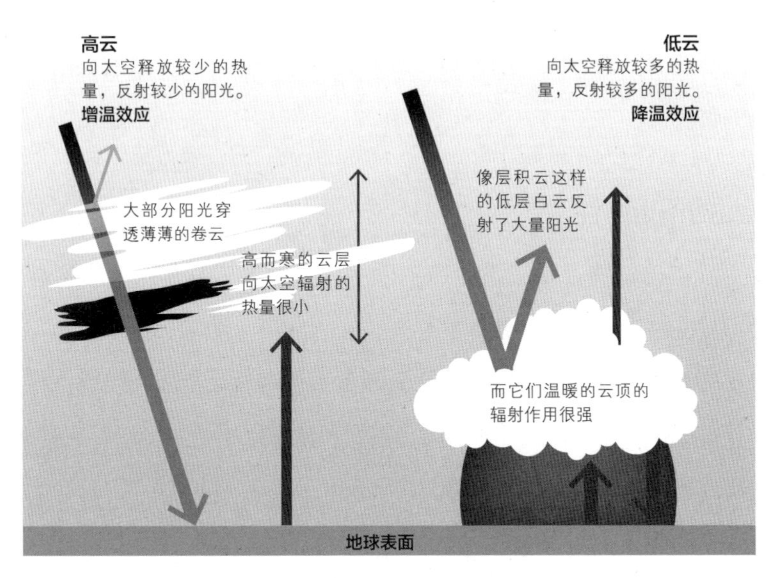

图10.3　大气云的高度决定了它们对地球是否有降温或增温的影响

低层云比高层云分布更广，这就是云会使地球整体变冷的原因。事实上，根据加拿大维多利亚大学的科林·戈德布拉特的计算，如果把所有的云都去掉，可能会导致不可控的温室效应发生，最终将使海洋蒸发殆尽。

虽然这种事情不会发生，但事实证明，在一个更温暖的世界里，会发生什么，很难确定。你可能会想，最好的办法是看看过去一个世纪，随着地球变暖，云层是如何变化的，但事实证明这是非常棘手的。

每一种观测云的方法都有缺点。陆地上的气象站对更大范围的海洋云层毫无用处。船上的观测数据是不完整的，也是主观的。载满仪器的飞机数量不足。气象卫星提供了一些帮助，但位置漂移和轨道衰减对数据有很大的干扰。而美国航空航天局地球观测系统的专用气候卫星只能观测 10 年左右的云层，不足以捕捉长期趋势。

即使我们确实有良好的全球云层活动记录，也可能无法准确地判断出地球变暖时的情况。随着温度的升高，我们可能会跨越一些导致云层活动发生巨大变化的临界值。

云层的不透明性

如果我们确切地了解云是如何工作的，我们就可以在气候模型中预测未来的行为。但是对云进行计算并不容易，云的内部活动包括几米到几千米范围内的空气湍流。这对全球气候模型来说是微不足道的，全球气候模型将大气切成 100 千米宽的立方体。专门的小尺度模式现在可以捕捉到 100 米左右的旋涡，但这些模式不能涵盖大型天气系统。

在云层内部更小的尺度上，水滴和冰晶碰撞、凝聚、冷凝和蒸发。这些微物理现象中的很多原理都可以被很好地理解，但这些还不够。再放大一点，你就会发现云的形成离不开气溶胶，水可以围绕着气溶胶冷凝或冻结（见第6章）。云层中积聚了更多的粒子，就可以形成更白、存在时间更长的云，如同一把更好的遮阳伞。

模型无法捕捉到上述变化的所有过程，因此它们必须依靠近似，例如观察到的云层同湿度或温度之间的关系，然后可以将这些关系代入模型中。但正如我们所看到的，观测并不完美，因此大气的所有性质与我们可以观测到的云的数量和类型之间没有普遍的关系。

这让建模者陷入了困境。例如，云层与地面3千米以上的温差有很好的相关性，但它与另一种包括温度和湿度的测量方法的相关性同样很好。不幸的是，不同的模型对地球变暖时发生的情况给出了完全不同的预测，所以观测结果取决于选择了哪一种方法。

尽管存在这些困难，但我们在某些类型云的观测方面已经取得了进展。模型和观测结果一致认为，平均来说，随着气温上升，高云将继续被推高，这使得它们的云顶更加寒冷，所以它们辐射热能的效果也就变差了。同时，风暴轨迹可能会向两极移动，那里的云层反射的太阳热量较少。这两个因素都会加剧气候变暖。

热带地区的降温毯

全球热屏蔽的一个主要分布是在热带和亚热带地区，广阔的低层积云大部分时间内都覆盖着广阔的海洋。科学家发现这些云层对我们的气候产生了持续的、强烈的冷却作用。然而，再一次，模型内部发生了冲突。有些模型预测，随着气温上升，这些低云几乎没有变化，而另一些模型则预测这些低云急剧减少，从而加剧了全球变暖。

这使得人们对发生在这些热带水域之上的物理机制进行了越来越深入的探索。有些看起来像是好消息：如“负反馈”，随着温度的上升，它们会起到减缓变暖的作用。例如，作为全球环流模式的一部分，温暖干燥的空气向热带海洋下降，它可以捕获低层较冷的层积云。上面是暖空气，下面是冷空气，温度倒转，云层不会上升，也不会因下雨而失去水分。随着全球气温的升高，温暖的下降气流应该会越来越暖，平均来说，这会加强逆温效应，增加云层覆盖率。至少这是通过观测和小尺度模型所能证明的，加利福尼亚州劳伦斯·利弗莫尔国家实验室的彼得·考德威尔和他的同事得出了该结论。然而，这只是一种机制，在全球变暖的情况下，层积云是增加还是减少，人们仍存在分歧。

研究人员已经意识到，可能有几种正反馈在起作用。首先，层积云可能缺乏水分。低层云通过一个迂回过程获得水分：当热量从云顶辐射出去时，冷空气形成并下沉。这会把温暖潮湿的空气从海面附近推上来，当它冷却和凝结时会形成更多的云。2009 年，德国汉堡马克斯·普朗克气象学研究所的两个团队包括考德威尔和比约恩·史蒂文斯指出，气温升高将减少云顶的热量损失。这将意味着平均来说，会有更少的冷却，更少的下沉气流，更少的水分凝结，更少的冷却云层。

而这并不是唯一的潜在正反馈在起作用，即使在逆温云层的地方，下面潮湿的冷空气和上面干燥温暖的空气之间也会有一些混合。2012 提出的一种观点是，变暖可能会推动更强的混合，驱散其中的水分，其结果是云层覆盖减少，气候变暖加剧。

即使混合没有增强，干燥的空气仍然会有更多的水分流失。更暖和的空气可以容纳更多的水蒸气，所以在一个更温暖的环境中，气流将带走更多的水分。

为了弄清混合效应有多大，澳大利亚悉尼新南威尔士大学的史蒂文·舍伍德和他的同事从气象气球上观测数据。结果表明，这种混合相当活跃——比许多气候模型中的情况都要多。不同的模型预测不同程度的气候敏感性，但舍伍德发现，具有真实混合效果的模型具有更高的灵敏度。如果这些是可信的，那么地球的短期敏感度将是 3～4.5 ℃。

虽然模拟工作做得很好，但科罗拉多州博尔德国家大气研究中心的约翰·法苏洛认为这依旧是不确定的。混合的观测是有限的——它依赖于气象气球的散射，所以很难证实这一理论。法苏洛更喜欢直接比较云量和湿度，这可以通过卫星进行全球测量。2012年，他指出，模型往往高估了亚热带地区的湿度。这一发现是个坏消息，因为湿度较低的模型往往能预测出更大的变暖。

关于云层的这个难题，虽然现在的研究已经有了曙光，但这缕曙光仍然比较灰暗，它只是暗示了哪种模型可能是最值得信赖的。随着计算机能力的增强，我们可以建立分辨能力更高的模型，但我们不会达到完美模型的天堂。要让全球模型能够包含云层中发生的小规模过程，至少要花上几十年的时间。在此之前，模型必须继续使用这种小规模的近似物。

地球工程学能避免气候混乱吗

气候变化正在向我们袭来，融化了冰川，助长了风暴，使洪水和热浪变得更加猛烈。全球二氧化碳和其他温室气体的排放量持续增加，前景尤为严峻。即使我们明天就停止所有的温室气体排放，这些气体中的一部分仍会顽固地停留在大气中，使气温升高数十年。

也许，到了该认真考虑改善地球工程这一大胆想法的时候了。我们希望，通过对我们星球气候机器进行人为的修补，我们或许能够纠正曾经犯下的弥天大错，或者至少避免一些最严重的后果，或者为自己争取更多的时间来减少排放量。

科学家已经制订了几十个计划来给地球降温。我们可以组成一支庞大的舰队，通过喷洒盐雾来使云层变得更白；或者向平流层喷射硫来反射阳光；把大量反射镜子送入深空；培育一些颜色发白的农作物；给海洋施肥；用反光的聚酯薄膜覆盖地球上的沙漠；播撒可以催化成云的细菌；在全球范围内释放大量微型气球。

这些计划可能很巧妙，但其中哪些能奏效呢？或者它们会让事情变得更糟吗？除了冒着所能想到的最大风险尝试其中的某个方案之外，我们所能做的最好尝试，就是用最详细的计算模型来验证每一个想法。随着这些研究成果越来越多，我们对地球工程可能实现或可能无法实现的目标会有一定的概念。

有些想法很容易就被否定了。例如，用反光塑料覆盖沙漠，虽然可以反射大量阳光，使地球降温，但这种想法听起来就很疯狂。它将破坏生态系统，改变地区气候模式，并需要一支清洁大军。其他的办法已经超出了我们的能力范围。要想用无数的太空遮阳伞遮住地球，估计需要发射 2000 万枚火箭。如果没有一些新技术出现，那将付出天文数字般的昂贵代价，并造成致命的污染。其他的一些计划当然是可行的，但它们真的能解决气候问题吗？

当然，最基本的问题是，大气中含量不断上升的温室气体在吸收热量。到 21 世纪的某个时候，我们很可能将大气中的二氧化碳浓度增加一倍，这将使全球平均每平方米的散热下降约 3.7 瓦。为了阻止地球变暖，任何一项地球工程计划要么阻止等量的太阳热量进入，要么增加大气层顶部等量的热量散失。

如果我们要制造“地球制冷机”，需要其他一些前提条件（见图 10.4）。它需要在不大幅改变地区气候的情况下工作，同时还要防止海平面上升。最理想

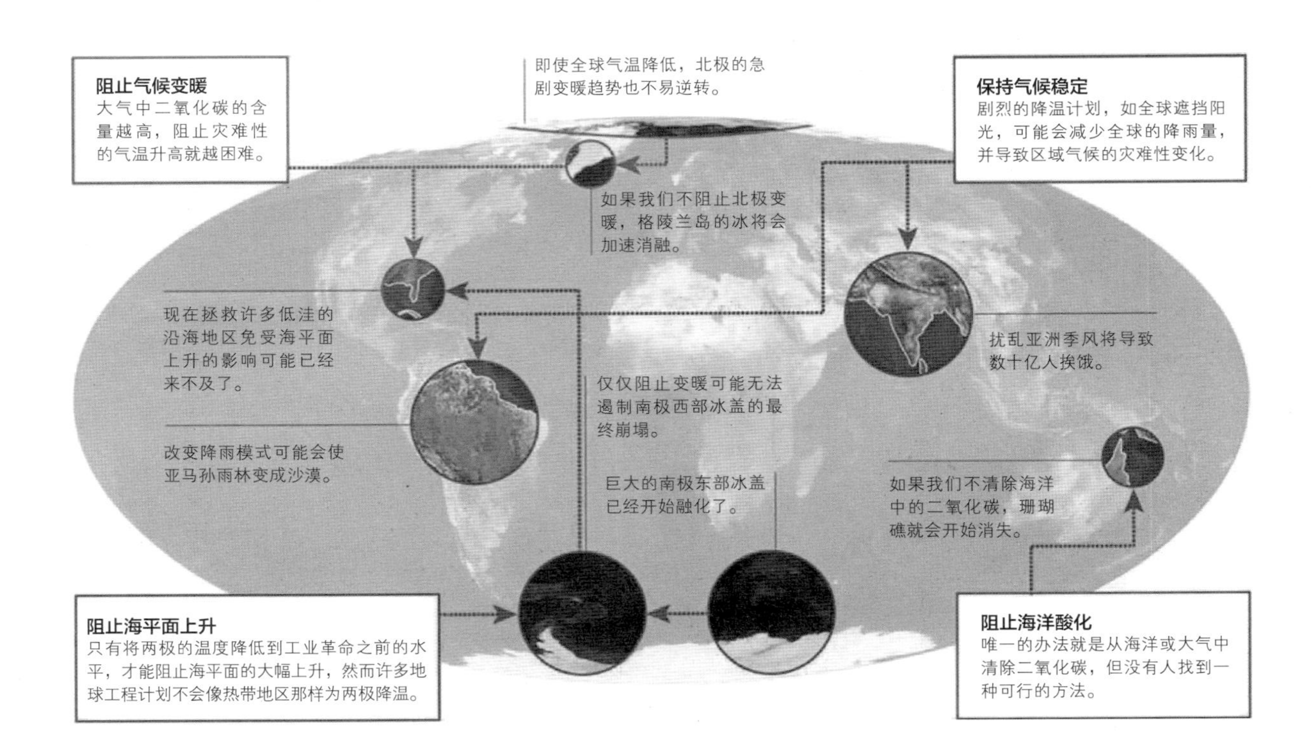

图 10.4　使地球降温是一项艰巨的任务。但是，为了避免灾难，任何一项地球工程计划都必须同时满足其他要求

的情况是，还要能够阻止海水过度酸化以防止珊瑚礁消失。

但首先要测试的是效力。英国埃克塞特大学的蒂姆·伦顿和诺里奇东安格利亚大学的尼姆·沃翰将各种模型结果与他们自己的计算结合起来，评估了几十个潜在方案的制冷能力。他们发现很多方案都没什么效果。比如，想办法让屋顶和道路变得更白，以反射更多的阳光。即使是乐观的估算，每平方米也只能反射 0.15 瓦的热量，充其量只是对恢复地球热平衡做出少许贡献。

给海洋施肥怎么样？浮游植物在生长过程中消耗二氧化碳，它们的尸体往往沉到海底被掩埋，把碳锁定在里边。向海洋中添加比较缺乏的营养物质（比如铁），可以促进浮游植物生长。伦顿和沃恩计算，到 21 世纪末，这将使热平衡每平方米提高 0.2 瓦。同样，这也不会带来足够的影响。

其他方案，比如促进极地地区的下降流，以加速碳向海洋深处输送，效果更是有限。但有两种方案既有很强的效力，又相对可行，即努力对阳光进行遮挡。

将全球变暖置于阴凉处

有一种办法是使海洋云层变得更白——特别是覆盖大部分热带海洋的低空、平坦的层云。全球各地的船只向空中喷射大量的细盐雾，盐分颗粒充当凝结核，促使水滴在云中形成。如果每立方米大气中有更多的水滴，这些云就会比正常情况下更白，能够反射更多的阳光。这将有可能抵消二氧化碳浓度翻倍带来的气候变暖效应。

使云层变得更白这种办法还有一定的优势，比如不使用有害的化学物质。但云层的成核机制还不清楚（见第 6 章），因此可能达不到预期效果，而且仅让海洋降温有可能会破坏局部气候。例如，2012 年的一项研究发现，在太平洋上空人工造云可能会以类似于厄尔尼诺的破坏性对应物拉尼娜的方式改变降雨模式。

另一种具有竞争力的办法其实是老生常谈了：向大气中充入细颗粒的薄雾。事实上，我们一直在这么做。二氧化硫污染形成了细小的硫酸液滴，估计每平方米反射 0.4 瓦的太阳辐射。但是，燃烧和工厂排放的二氧化硫不会在大气中停留很长时间，所以其影响是有限的。然而，如果硫酸盐颗粒到达平流层，它可能会停留数年，其冷却效果会变得更大。证据来自火山喷发，例如 1991 年的皮纳图博火山，在喷发后的几年时间里，使地球温度降低了 0.5 ℃。

为了平衡二氧化碳浓度翻倍带来的温室效应，我们需要每年向平流层输送 500 万吨二氧化硫。马萨诸塞州剑桥市极光飞行科学公司的贾斯廷·麦克莱伦的研究小组评估了几种向大气中输送硫酸盐的方法，他说，这将每年花费大约 100 亿美元。与全球变暖的巨大代价相比，这绝对超值。仅仅海平面上升就将吞噬价值数万亿美元的城市和农田。

不利的一面

不幸的是，我们的硫喷雾几乎不能阻止海平面的上升。硫酸盐颗粒在极地的停留时间不如在热带那样长，这使得它们在极地的冷冻效果降低。因此，即使注入气溶胶使全球平均温度降到 19 世纪的水平，两极仍将比以前更暖和，冰盖也将继续融化。

目前尚不清楚，其他的反射器，如固体金属颗粒或微小的、反光的气球，是否会有更好的效果。输送气体相当简单而又廉价，所以大多数研究集中于硫酸盐颗粒。

当沿海平原和城市被淹没时，地球的其他部分可能会干涸。任何一种遮阳计划都会减少到达海面的阳光，减少海水蒸发。到目前为止，全球变暖的效应已经超过了二氧化硫污染的降温效应，海水蒸发依然在增加。但如果我们用这种方法把气温降到工业革命之前的水平，降雨量就会急剧下降。如果降温幅度没有这么大，就能够避免这样的后果——但这样一来，冰盖就会融化得更快。

根据气候模型计算，遮蔽阳光也可能产生灾难性的区域影响。如果它扰乱了季风，可能会造成影响数十亿人的永久性饥荒。或者改变亚马孙河流域输送水分的环流模式，使之变成沙漠。

英国牛津大学的迈尔斯·艾伦和他的同事用一个精细的气候模型研究了平流层中遮阳物质数量变化造成的影响。他们发现没有一种解决方案可以对所有地区都有效。大量的气溶胶会使中国拥有适宜的温度和降雨量，但可能会使印度大幅降温。

或许可以换个方式看待这个问题。不同的气候模型对遮蔽阳光造成的全球影响相当一致，但产生了不同的区域影响。这可能是因为在不同的研究中设定了不同的假设和阈值，或者这可能是由现有气候模型的局限性造成的。

即使它们都是准确的，但一些影响区域气候的因素本身就是不可预测的。例如，生态系统将有什么反应？因此，我们永远不能百分之百地肯定任何一个特定的计划都会有理想的结果。

这就使得任何一种遮阳计划都有很大的风险。如果它出现一些可怕的后果，我们突然停止补充硫酸盐或者使云层变白，地球将在未来几年内迅速增温。这样一种突然的转变将比逐渐变暖到相同的水平更具破坏性，因为人类和野生动物没有时间去适应。如果我们使用硫酸盐微粒，可能还需要其他的地球工程方案，比如使用人造卷云给两极降温，这就相当于云给地球开了两剂猛药。

摧毁卷云

高高的、稀疏的卷云有时会给夏季蔚蓝的天空增色，这似乎不太可能是我们的敌人。但是戴维·米切尔计划消灭它们。摧毁卷云不仅可以降低全球温度，而且有助于拯救冰盖，遏制极端天气。

与低层云相比，含冰卷云在太空中反射和辐射的热量要少得多，因此它们的净效应是使气温变暖。2009 年，内华达州里诺县沙漠研究所的米切尔建议我们可以使用飞机播撒三碘化铋——一种无毒的化合物，能够作为凝结核形成较大的冰晶。这些冰晶从天空落下的速度比卷云中天然存在的冰晶更快，因此卷云便会消失。初步模拟这一过程的尝试表明，这可以使地球降温约每平方米 2 瓦——足以抵消二氧化碳含量翻番引起的变暖效果的一半。

更有利的是，这种方法在高纬度地区能够发挥出最佳作用，有助于保护我们脆弱的冰盖，也将有助于平衡热带和两极之间的温差。

米切尔提醒我们，把卷云纳入全球气候模型中还有很多研究工作要做，而且这项工作不仅仅是为了地球工程。他想在一个小范围内进行一次人工造云试验，看看究竟有什么效果。此外，驱散卷云也有许多与遮阳计划相同的风险：它很可能造成灾难性的区域影响，而突然停止这项计划则是危险的。

去除温室气体

与其遮蔽阳光，我们不如去找出问题的真正原因，积极地从空气中去除二氧化碳。浓缩后的二氧化碳气体可以被注入地下储层，如枯竭的天然气和油田。但到目前为止，还没有人设计出一种有效的方法来做这件事。根据伦顿的说法，问题在于，试图从大气中捕获含量很低的二氧化碳气体，与从发电站烟气这样的高浓度源中捕获二氧化碳相比，其成本要贵得多。

依靠现有技术，把人类排放到大气中的二氧化碳及时清除，以防气候进一步变化是不现实的。与其在地球上覆盖吞噬二氧化碳的机器，不如加速二氧化碳与硅酸盐岩石的反应。数百万年来，这个被称为化学风化的过程，吸收了大量的二氧化碳（见第 6 章）。但要处理一年的排放量，我们至少需要研磨 7 立方千米的岩石，并将它薄薄地分散在地球表面，覆盖面积要占地球表面的百分之几。因此，这个方案也不能拯救我们。

那改变土地用途和农业方式以捕获更多的二氧化碳呢？简单的植树造林仍然是一个好办法。尽管地理因素限制了它的潜力只能达到每平方米 0.5 瓦，而且如果森林随着地球变暖而死亡或燃烧，所有被捕获的碳最终都将回到大气中。

一种锁定植物中储存的碳的方法是将其变成炭——生物炭，并将其掩埋。另一种方法是在装有碳捕获技术的发电厂焚烧农作物。这些方法需要土地，因此它们将与粮食生产竞争。伦顿计算，到 2050 年，总效益可能只有每平方米 0.3 瓦。

最后，政治可能是任何一种地球工程计划的最大障碍。艾伦指出，你不能让地球工程去互相竞争。必须有一个超国家机构决定做还是不做。彼此之间达成协议几乎是不可能的，因为不同的国家有不同优先考虑的事项。有些国家受到的最大威胁是海平面上升，另一些国家则是受酷热或降雨分布的影响。

我们该怎么办？诚然，只有那些具有全球性风险的大规模遮蔽阳光的计划才需要得到世界各国的一致同意；个人、机构或国家可以在使用生物炭或种植森林时单独采取行动。但是，正如伦顿发现的那样，这些方法根本不能胜任这项任务。欧洲科学咨询委员会 2018 年的一份报告指出，包括海洋施肥在内的碳捕获计划对温室气体水平产生有意义影响的现实潜力有限。该委员会总结道，最好的策略是首先阻止这些气体进入大气。

结语

你是如何读完这本书的？当然是讨论地球末日。除非发生一些无法预料的灾难，否则毁灭地球的很可能是太阳，这颗恒星使地球孕育了生物，长达数十亿年的时间。我们的太阳注定不会像超新星一样爆炸，把它的行星抛向太空。它只是不够大。但当它在60亿年后最终消耗完内部的氢，它就会剧烈膨胀，然后吞噬掉它最近的邻居。

今天的太阳照耀着我们，这要归功于它内部的核聚变，核聚变通过将氢转化为氦来产生能量。一旦所有的氢都被消耗掉，聚变将点燃核心周围的一层氢。它所产生的额外能量将使太阳比现在亮数千倍，并突破太阳自身的引力，从而吞噬周围的行星。它的半径将大大超出地球目前的轨道。

我们的蓝色星球只有一次机会有可能逃脱。当太阳膨胀时，它会在大量带电粒子的涌出中摆脱掉大约1/3的质量。由于引力减小，这颗可能被俘虏的行星就会扩大运行轨道。

因此，随着太阳的膨胀，这将是一场超越太阳的竞赛。首先是水星，然后是金星，几乎肯定会在这场竞赛中输掉，它们都会被太阳膨胀的大气层吞噬。据英国沃里克大学的迪米特里·韦拉斯说，地球胜负难料。不过，地球不会完全逃脱：来自太阳外层的猛烈热浪会使地球内部变热，从而引发严重的火山爆发。

当然，到了这个时候，地球上的生物可能荡然无存——或者与我们现在所知道的大不相同。那是因为至少有两个致命的危机会朝我们袭来。首先，从现在起至多10亿年后，来自太阳自然增加的热量将驱动地球的温控器加速运转，从大气中去除越来越多的二氧化碳，直到没有足够的能量支持光合作用。最终，所有的植物都将死亡，所有依赖植物的生物都将灭绝（见第8章）。

如果我们能找到一个幸存下来的办法——这是一个很大胆的假设——在30亿到40亿年内，地球的持续冷却将使整个地核冻结成固体。当这种情况发生时，驱动板块构造的引擎将停止，火山将不复存在。随着地壳的冷却和增厚，地震将持续一段时间。但地球可能对生命不再友好。由于没有熔融的地核来维持其磁场，地球将被太阳风摧毁。

这些都是目前我们无法控制的自然灾害，但我们现在面临的另一场灾难是我们造成的。除非我们停止排放二氧化碳和其他温室气体，或者找到切实可行的方法把它们从大气中清除掉，否则全球变暖很快将严重威胁地球上的生物（见第10章）。

这确实是一个令人沮丧的结论，但我们依然有充分的理由抱有希望。我们人类很有创造力，而且从进化方面讲，人类很奇怪：即使是完全不认识的人，也会互相帮助，而其他物种很少会这样做。在全球范围内，这种不寻常的合作使我们能够堵住臭氧空洞（见第6章）。希望各国政府能够携起手来，切实采取措施降低大气中的温室气体水平。这样，人类在10亿年后仍然可以繁荣昌盛——到那时，我们甚至可能已经在我们的新星球“地球Ⅱ号”上面开辟了生存空间。

50 个有用的知识点

这部分内容将帮助你更深入地了解我们的星球，不仅仅是普通的阅读清单。

10 个值得访问的网站

1. 冰岛拥有着伟大而辉煌的地质景观。这里有大间歇泉（曾是第一个被正式出版物所记载的间歇泉），还有格里姆火山（冰岛最活跃的火山）。在这里，你可以尝试在冰川冰洞或休眠的斯瑞努卡基古火山内游览，在任何天气条件下都可以沐浴在温泉池中，或者在脸上涂上热泥浆。冰岛是北美板块和欧亚板块开始漂移时岩浆上涌形成的。在辛格韦德利，你可以在这两个板块之间行走。该岛还在 https://lavacentre.is 新建了一座博物馆。

2. 加那利群岛的兰萨罗特岛是火山作用的典型代表。这里在 18 和 19 世纪被熔岩覆盖，蒂曼法亚国家公园覆盖了该岛的大部分地区。该岛降雨量稀少，意味着侵蚀程度很低，该地区看起来和火山刚刚爆发后差不多。如果你喜欢，你可以吃一顿热熔岩做的饭。为了增加食欲，有很多人在火山口周围散步，穿过火星似的熔岩场。在曼查布兰卡的游客中心你可以了解地球结构、板块构造和火山。(http://www.lanzaroteinformation.com/content/timanfaya-vistors-centre)

3. 在地球另一边的一个岛上，夏威夷火山国家公园（https://www.nps.gov/havo/）是一个真正的热点。当地管理员知识渊博，建设这个公园的初衷就是为了让人们尽可能安全地接近火山、熔岩流还有硫黄喷口。从托马斯・贾加尔博物馆，俯瞰基拉韦厄火山口，你会看到令人惊叹的景色。

4. 太平洋里的新西兰也是火山作用的温床。这些岛屿位于太平洋板块俯冲在印度-澳大利亚板块之下的地方。北岛的国家公园建在火山和地热活动区周围。你可以参观挖掘出来的毛利人村庄蒂怀罗瓦，它在 1886 年被塔拉韦拉火山爆发摧毁。煎锅湖可能是世界上最大的热湖，普伦蒂湾（丰盛湾）的怀特岛是该国最活跃的火山锥所在地；至少从 1769 年库克船长第一次发现它时起，它就一直在冒烟。要想了解一个有火山的国家，可以去奥克兰博物馆 (http://www.aucklandmuseum.com/volcanoes)。

5. 说到博物馆，伦敦自然历史博物馆是发现地球新事物的好地方。你会发现很多关于地球的化石和展览。你甚至可以通过博物馆的地震模拟器（www.nhm.ac.uk）体验地震的感觉。

6. 苏格兰爱丁堡的动态地球馆是一个非常现代的呈现地球故事的地方。当熔岩向你飞来时，你能感觉到地面在颤抖，看着火山向空中喷发火山灰，看北极光在冰盖上舞蹈。如果你不喜欢被关在里面，那就到隔壁的亚瑟王座上去走走吧，这是含碳火山喷发的残留物。(http://www.dynamicearth.co.uk/)

7. 英格兰南部边界的标志是侏罗纪海岸，这是沉积岩和化石的储藏现场，记录了 1.85 亿年来地球的三叠纪、侏罗纪和白垩纪的历史。它的黄金海滩、隐蔽的海湾和雕刻的悬崖、岩柱和拱门绵延 150 千米，是化石猎手的主要目的地。莱姆·里杰斯博物馆（http://www.lymergismuseum.co.uk）是一个不错的地方。

8. 在中国北京的中国地质博物馆里，可以找到比莱姆·里杰斯博物馆稍大一点的珍品。这里有 20 万件藏品，包括世界上最大的石英晶体，重 3.5 吨，巨大的山东恐龙化石和稀有原始鸟类化石。（http://www.gmc.org.cn/）

9. 如果你想看地壳的裂痕，为什么不去参观圣安德烈亚斯断层呢？它沿着加利福尼亚海岸大约延伸 1200 千米。它是向北移动的太平洋板块和向南移动的北美板块之间的边界。沿着它的走向的许多地方，如卡利索平原国家纪念地和石峰国家公园皱巴巴的草地上，裂缝十分明显，令人印象深刻。有很多有组织的旅行，或者你可以在 http://www.san-andreasfault.org/ 上开始自己的旅行。

10. 如果你喜欢追求刺激——在经济条件允许的情况下——你可以尝试穿

越美国大平原龙卷风带，追逐风暴。这是看到对流层动荡的一种方式，并判断我们对天气预报有多在行。整个 5 月和 6 月，你都可以买到旅行中的一个座位，去搜索龙卷风和超级单体雷暴。

地球上10次最大的爆炸

1.20世纪最臭名昭著的爆炸之一发生在1908年6月30日早上7点14分。就在那一刻，俄罗斯西伯利亚通古斯河上发生了巨大的爆炸。2000平方千米范围内的树木被冲击波夷为平地，数十千米外的人们也被击倒在地。据估计，这次爆炸相当于1500万吨TNT（三硝基甲苯），人们普遍认为是一颗直径几十米的流星在半空中爆炸造成的。但其他可能性,如地下甲烷爆炸,仍在研究中。如果它是因一颗流星爆炸造成的，则从历史记录来看，这只是一条小道消息。

2. 有史以来最大的人为爆炸是1961年10月沙皇炸弹爆炸。当时苏联制造的氢弹在如今俄罗斯北部海岸外的新地岛上空爆炸，在1000千米外可见一道闪光。900千米外的窗户被震碎，蘑菇云从地面上升起64千米高。它释放的能量是通古斯陨石的4倍，相当于5700万吨左右TNT。爆炸结束后，一名赶到爆炸现场的参观者说："岛上的高地已经被夷平，看起来像溜冰场。"

3. 近代历史上最著名的爆炸事件之一是1883年喀拉喀托火山爆发。喀拉喀托火山是印度尼西亚爪哇岛和苏门答腊岛之间巽他海峡的一座火山岛。经过数月的火山活动，这座火山于8月底爆发。8月27日是最暴力的一天，发生了4次巨大的爆炸，远在4000千米外都能听到爆炸声。数以万计的人丧生，伤者更是不计其数。喀拉喀托火山实际上本身已经被摧毁，尽管后来的火山爆发又形成一座新的岛屿取代了它。

这时候，我们必须换一种衡量尺度。火山爆发强度是根据火山爆发指数（VEI）来衡量的，该指数从0（最弱）到8（最强）。每增加一级都代表着岩石和灰烬的排放量增加10倍。喀拉喀托火山为6级。相当于2亿吨TNT，至少是沙皇炸弹爆炸能量的3倍。

4. 近代历史上只有一次火山喷发达到了火山爆发指数 7 级——是喀拉喀托火山的 10 倍。那是印度尼西亚松巴哇岛上的坦博拉火山。坦博拉火山在 1812 年开始蠢蠢欲动，直到 1815 年 4 月开始第一次大爆发。爆发将大量的火山灰抛入大气，使全球气温骤降。接下来的 1816 年——被称为“无夏之年”。现在听起来很奇怪，坦博拉火山在大约 160 年的时间里一直被忽视。当科学家们检测格陵兰岛冰芯的火山灰时，他们才发现真相：自 1815 年以来，没有任何一次火山喷发比坦博拉火山喷发更像是一枚哑弹。

5. 今天，新西兰的陶波湖是一个宁静的淡水湖，生活着很多小龙虾，也深受徒步旅行者的喜爱。但 26 500 年前，它是一个巨大的火山爆发区，火山灰和岩石覆盖了北岛 200 米厚。现在的湖位于火山口。被称为奥鲁阿努伊的火山爆发指数达到了最大的 8 级——规模相当于坦博拉火山的 10 倍。

6. 今天的火山学家喜欢谈论远远超过普通火山或花园式火山的喷发。这类“超级火山”指的是释放物质超过 1000 立方千米的喷发。奥鲁阿努伊火山可能成功地做到了这一点，但苏门答腊岛的多巴火山爆发可能是一个更可靠的候选火山，大约 7.5 万年前，多巴火山释放了 2800 立方千米的炽热熔岩、灰烬和尘埃。它形成了一个巨大的火山口，现在部分被湖填满。一些人认为，大量的火山灰已经让世界气温大幅骤降，并导致人类数量锐减，不过这一观点仍有争议。

7. 在美丽的黄石国家公园下面有一个“怪物”。人们认为，从地球深处升起的热熔岩柱会周期性地造成规模巨大的喷发，其中一些喷发的喷发量大到可以称为超级火山。在过去的几百万年里，黄石热点已经爆发了 3 次。210 万年前的哈克贝利岭喷发——几乎和多巴火山爆发一样强烈——形成了岛屿公园火山口。130 万年前一次规模较小但仍然是超级火山的喷发，形成了亨利福克火山口，64 万年前的熔岩溪喷发形成了今天的黄石火山口。第一次和第三次爆发的火山灰覆盖了北美大部分地区。

8.2700 万年前的拉加里塔火山向地球表面喷发了 5000 立方千米物质，这可能是地球历史上最大的一次火山喷发。一大片地区被摧毁，由此产生的火山岩大部分仍然可以在现在的科罗拉多州看到。这次喷发似乎是从火山喷出直径达 2 米的岩石块开始的，然后喷发出巨大的火山碎屑流——一股快速流动的热气和岩石。幸运的是，拉加里塔超级火山现在已经成为死火山。

9. 要想了解比火山还大的爆炸，我们必须回到宇宙碰撞时期。在墨西哥的尤卡坦半岛上的希克苏鲁伯小镇下面，埋藏在大量沉淀物之下的是一个直径约 180 千米的陨石坑。它是在 6500 万年由一颗直径约 10 千米的小行星撞击地球形成的，这是过去 10 亿年来最大的一次流星撞击事件，爆炸力约为 1 亿吨 TNT。大多数古生物学家承认，这种影响至少是造成 6500 万年前恐龙灭绝的部分原因，尽管仍有一些人持不同意见。“杀手”不是爆炸本身，而是由此产生的尘埃云造成的生态破坏。在这一点上，这颗小行星可能得到了印度大量火山喷发的帮助，该地区被称为今天的德干地盾。

10. 也许有关月球诞生的“大碰撞说”应该出现在这里，但我们在第一章中讨论了这个问题。所以，让我们向前看……

不幸的是，对我们来说，天崩地裂的大爆炸并不是一去不复返了。世界上的核武库包括大约 15 000 件武器，其总破坏力相当于数千兆吨 TNT。自“冷战”结束以来，这些可能性已经下降，但仍然很高。

此外，除了大量的“常规”火山，还有 6 个已经确定的超级火山：陶波火山、多巴火山和黄石火山，加上新墨西哥州的瓦尔斯火山、加利福尼亚州的长谷火山和日本鹿儿岛湾的始良火山。虽然我们不可能一直都有好运气躲过这些灾难，但现在还不知道它们中的哪一座会再次爆发、何时会爆发。

至于宇宙碰撞，已知的 50 万颗小行星和 12 万亿颗彗星中的大多数永远不会靠近地球。只有两颗小行星被认为有机会撞击我们的星球：一颗在 2048 年，另一颗在 2880 年。但在危险等级从 0 级到 10 级的托里诺等级（用来评价近地天体撞击危险程度）中，它们都只有 1 级，所以我们现在还不太可能经历恐龙的遭遇。

5 个世界之最

我们都知道最高的山峰和最深的海沟，但这里有一些你可能没有听说过的纪录。

1. 世界上最大的喷泉区集中在美国怀俄明州黄石国家公园的上间歇泉盆地。在 2.6 平方千米范围内拥有 150 个热泉，其中包括老忠实泉。

2.1913 年 7 月 10 日，在美国加利福尼亚州的死亡谷，有记录以来的最高气温为 56.7 ℃。90 年多来，纪录保持者是 1922 年的利比亚，当时的气温达到了 58 ℃。但 2012 年，世界气象组织因对其准确性的怀疑而取消了该纪录资格。

3. 最长的洞穴系统是位于美国肯塔基州的猛犸洞穴（马默斯洞）的石灰石迷宫。它绵延 663 千米，是排名第二洞穴长度的 2 倍。

4. 南非的弗里德堡是世界上最大的撞击坑所在地。它在大约 20 亿年前诞生时，直径为 300 千米。肇事者是一颗直径为 10～15 千米的小行星。遗憾的是，我们今天只能看到原始陨石坑的残余物。

5. 南极洲麦克默多湾附近的干谷很有名。200 万年来，这里没有下雨，也没有下雪，已经成为地球上最干燥的地方，由此形成了一个极端干燥的沙漠，甚至比智利和秘鲁的阿塔卡马沙漠还要干燥。

5 个土味笑话

1. A：我该怎么跟我哥哥说我要嫁给一个地质学家？

B：告诉他地质学家有他们的缺点，他越想成为片麻岩，就越会被认为是花岗岩。在他的婚礼之夜警告他，地质学家是基石！（花岗岩你知道的。片麻岩是一种变质岩。）

2. 你可能是一位地质学家，如果你有以下行为。

你可以在第一次尝试时正确发音“辉钼矿（molybdenite）”。

你拥有的石英碎片比内衣还多。

机场的行李员知道你的名字，而且拒绝帮你搬运行李箱。

你看西部电影只是为了看岩层。

你的孩子被命名为珍宝、岩石和绿柱石。

你可以指出楚梅布在地图上的位置。

当你在观看电影《肖申克的救赎》时会大声喊出来“黑曜石！”（楚梅布是纳米比亚的一个小镇，以其矿山而闻名，这里产出了一些浓郁的绿色矿物透视石。《肖申克的救赎》的主人公曾在一块被地质学家称为黑曜石的黑色火山玻璃下留言。）

3. 飓风哈维和厄尔尼诺正在酒吧里喝酒。哈维夸口说：“我太强大了，我可以摧毁整个岛屿经济，给佛罗里达州造成数百万美元的损失。”

“这不算什么，”厄尔尼诺轻蔑地说，“我可以在沙漠中引发洪水，也可以使雨林干涸。整个生态系统的繁荣或死亡都是我一时兴起的结果。各国的经济都受制于我的摇摆不定。”

一个北大西洋的小低压系统进入酒吧，缓缓落座。哈维和厄尔尼诺颤抖着潜到吧台后面躲起来。

“你们怎么了？”酒吧男招待嘲笑道，“我以为你俩是镇上最恶劣的天气现象！”“我们很坚强，”厄尔尼诺可怜地说道，“但他是气旋性的！”

4. 全球变暖太有趣了，冰盖都崩溃了！

5. 两颗行星相遇。第一颗问：“你好吗？”

“不太好，”第二颗回答，“我有智人。”

“别担心，”第一颗说道，“我也有，但这不会持续太久的。”

10 段语录

1. “但是地球的整个生命过程是如此的缓慢，这段时间与我们的生命长度相比是如此的漫长，以至于这些变化没有被观察到，而且在它们的过程能够被记录下来之前，整个国家从开始到结束都毁灭了。”（亚里士多德，希腊哲学家）

2. “每天，地球学家们都会意识到，没有什么东西比地球的地壳水平更不稳定了，哪怕是吹过的风。”（查尔斯·达尔文，进化论的联合创始人）

3. “促使大陆漂移的力与产生巨大褶皱山脉的力是相同的。大陆漂移、断层挤压、地震、火山活动、海侵回旋和地极移动无疑在很大程度上有着因果关系。它们在地球历史某些时期的共同强化表明了这一点。然而，究竟什么是因，什么是果，只有未来才会揭晓。”（阿尔弗雷德·魏格纳，德国地球物理学家，他提出了大陆漂移学说但找不到驱动大陆的力量）

4. “渐新世时期的印度迎头撞上中国西藏，撞得如此之重，不仅发生了褶皱，压弯了板块边界，还创造了青藏高原，把喜马拉雅山推到了 8.8 千米的高度。1953 年，登山者把旗插在最高的山上时，他们把旗放在雪地里，而这里覆盖着生活在温暖清澈的印度海洋中的生物骨架，当时的海洋向北移动，最后消失了。可能在海底 6 千米以下，这些遗骸变成了岩石。这一事实本身就是一篇关于地球表面运动的论文。”

“如果按照某个法令，我不得不将所有这些文字限制在一句话之内，这是我会选择的一句话：珠穆朗玛峰的顶峰是海洋石灰岩。”（美国作家约翰·麦克菲，《前世年鉴》的作者）

5. “没有任何一位有价值的地质学家会被永久地束缚在办公桌上或实验室里，真正的科学只能建立在对自然的无偏见观察的基础上。在地质学和其他任何领域，创造性的工作都是互动和综合性的：酒吧间诞生的不成熟的想法，田野里的岩石，独自漫步时的思维链，实验室里岩石挤出来的数字，钉在桌子上的计算器上的数字，昂贵船只上常常失灵的花哨设备，人类颅骨中的廉价设备，路口前的争论。”（斯蒂芬·杰·古尔德，美国古生物学家、进化生物学家和作家）

6.“300 万年来，二氧化碳从来没有达到如此高的大气浓度。我们对其温室效应认识不足——气候变暖是显而易见的。”（乔安娜·海格，英国大气物理学家）

7.“在短短的 30 年里，我们已经失去了大约 75% 的北极海冰。不用科学家指点，我们就能看到气候系统的巨大变化，我们知道这主要归咎于燃烧化石燃料产生的温室气体。看着北极如此迅速地变暖，我感到不寒而栗。”（珍妮弗·弗朗西斯，美国专门研究北极的大气科学家）

8.“如果我们只愿意袖手旁观，最终等待预测成真，那么发展出一门足以做出准确预测的科学又有什么用呢？”（舍伍德·罗兰，美国大气化学家、诺贝尔奖获得者）

9.“海洋是全球的下水道，各种污染最终都由大气和大陆的雨水输送到其内部。”（雅克·库斯托，海洋探险家、自然保护主义者、电影制作人和水肺潜水器的联合发明人）

10.“地球上每一位可信的科学家都说你的产品危害环境。我建议花钱请黄鼠狼写文章质疑这些数据。然后吃不该吃的食物，在地球灭亡之前死掉。”（在美国卡通作家、幽默作家和哲学家斯科特·亚当斯创作的动画片《呆伯特》中，狗伯特向他的老板提建议）

推荐阅读资料

1.《地球：一段亲密的历史》（*The Earth: An Intimate History*，2005）是理查德·福提跨时空畅谈的一本书，书中他将自然历史、文化和城市创建的每一件事都与地质学联系起来。

2. 约翰·麦克菲的《史前年鉴》（*Annals of the Former World*，2000）生动地描绘了北美的地质情况，写得很漂亮，而且它获得了1999年普利策非小说奖。

3. 地球只是在地质时期以蜗牛般的缓慢速度变化，对吧？迈克尔·兰皮诺在他的书《大灾变：二十一世纪的新地质学》（*Cataclysms: A New Geology for the Twenty-first Century*，2017）中却不这么认为。兰皮诺关注的是小行星撞击和巨大的熔岩喷流等剧烈事件，它们是地球上迅速变化的因素。

4. 英国早期的地质学家大部分人对科学不感兴趣，而对发现煤层和圣经事件的科学证据感兴趣。在《读石》（*Reading the Rocks*，2017）一书中，布伦达·马多克斯介绍了18世纪和19世纪的"绅士地质学家"（包括一些女性）。他们的价值是减少教会的力量，帮助创造世俗的科学。

5. 如果你喜欢化石，那么布赖恩·斯威特克的《石上之书：进化、化石以及我们在大自然中的地位》（*Written in Stone: Evolution, the Fossil Record, and Our Place in Nature*，2011）值得一看。他对化石记录进行了深入的研究，并着重于"缺失的环节"（过渡环节），这些环节位于一组灭绝物种及其后代之间。除了关于能走路的鲸鱼，还有长脚的鱼和带羽毛恐龙的故事。

6. 在《大地震：北美最大的地震如何改变了我们对地球的理解》（*The Great Quake: How the Biggest Earthquake in North America Changed Our Understanding of the Planet*，2017年）这本书中，亨利·方丹分析了1964年阿

拉斯加地震，并考察了其更广泛的科学影响。板块构造学是在 20 世纪 60 年代中期发展起来的，方丹用这个更广泛的背景作为他的故事。

7. 多里克·斯托的《海洋简史》（*Oceans: A Very Short Introduction*，2017）让你深入了解这个主题。而且，值得注意的是，牛津大学出版社的通识读本系列，包含了许多从地球到大气，从矿物到板块构造的地质学主题。

8. 如果你想阅读旅程更愉悦，可以试试加布丽埃勒·沃克的《空气的海洋：大气自然史》（*An Ocean of Air: A Natural History of the Atmosphere*，2008）。你将了解大气层洋葱状的不同性质、它们的组成气体，以及如何塑造对它有所了解的人。

9. 地球母亲“盖亚”的概念，作为一个自我滋养的超级有机体，它可能正在失去科学的可信度，但它所附带的信息，即我们必须更好地对待我们的地球，否则就有可能遭受灾难——却丝毫没有失去它的重要性。詹姆斯·洛夫洛克的书值得一读，仅仅因为：他一直是塑造现代地球观的主要力量。他最新出版的一本书是《正在消失的盖亚：最后的警告》（*The Vanishing Face of Gaia: A Final Warning*，2009）。

10. 如果想了解生态学家乔治·伍德威尔的最新警示——气候变化对生物圈动植物群落的影响，你可以阅读他的《生存的世界：生态学家对被掠夺星球的憧憬》（*A World to Live in: An Ecologist’s Vision for a Plundered Planet*，2016）。

名词表

气溶胶：空气中细小的固体或液体颗粒的悬浮物。有一些气溶胶在云层中起着冰核的作用，还有些气溶胶能够把太阳辐射反射回太空。

软流圈：位于岩石圈之下的机械性能弱、黏稠度高的地幔层。

球粒陨石（Chondrites）：与我们的地球同时期形成的石陨石，与地球成分的许多方面（尽管不是全部）相匹配。

气候敏感性：当大气中二氧化碳浓度翻倍之后，全球平均地表温度的增加值。

厄尔尼诺现象：在厄尔尼诺-南方涛动的暖位相时期，位于热带的中太平洋和东太平洋的海面温度升高。它对区域和全球的天气模式具有极大的破坏性。

地质年代表：根据不同时期形成的岩层石，按照时间顺序排列而成用以表示地质年代的表格，它是依据地层年代表推导出来的。

地球中微子：中微子的反物质变体——一种电子反中微子——由地球内部的放射性同位素衰变产生。

火成岩：岩浆或熔岩冷却凝固形成的岩石。

同位素：某种特定元素的变体，区别在于原子核中的中子数不同，有些具有放射性。同位素被广泛应用于岩石样品定年。

拉尼娜现象：在厄尔尼诺-南方涛动的冷位相时期，位于热带的中太平洋和东太平洋的海面温度下降。与它对应的厄尔尼诺现象一样，也能严重影响世界各地的天气。

熔岩：喷出到地球表面的熔融岩石。

岩石圈：地球的坚硬岩石圈层，它包括地壳和坚硬的上地幔。

岩浆：地球内部的熔融岩石。它可能聚集在火山下面的岩浆房里，一旦喷出，就变成了熔岩。

地幔：地球上最大的一个圈层，介于地壳和外核之间。

变质岩：在地球内部的极端温度和压力条件下，由较老的岩石经过复杂的物理或化学变化形成的岩石。

矿物：一种自然形成的化合物。岩石是由一种或多种矿物组成的。

中微子：一种不带电、接近无质量的亚原子粒子，与其他物质的相互作用十分微弱。

橄榄石：一种镁铁硅酸盐矿物，是上地幔的主要成分。它存在于玄武岩等火成岩中，经过快速的化学风化形成碳酸镁，能从大气中吸收“锁定”二氧化碳。

蛇绿岩：古海洋地壳的一部分，它没有被俯冲进入地下，而是被抬升起来的。它通常位于密度较小的大陆地壳之上。

辉石:存在于地幔和火成岩中的一组硅酸盐矿物，含有钙、钠、镁、铁或铝。

沉积岩：由沉淀在河流、湖泊或海床上的岩石碎片和有机碎屑物压缩而成的岩石，通常是成层的。

太阳风：太阳产生的高能带电粒子流。

地层年代表：按照形成的时间先后对地层或岩层进行排列的顺序。又称地史，它构成了地质年代表的基础。

俯冲作用：把古海洋地壳拉入地幔的过程。它发生在一个板块与另一个板块汇聚的地方，被认为是板块运动的主要驱动力。

锆石：一种锆硅酸盐矿物，能形成微小的、有弹性的晶体，可能含有其他矿物的痕迹。有些锆石是地球上最古老的物质之一，被用来推断地球早期的信息。